西宁火烧沟水平阶整地工程实景（西宁林草局提供）

西宁植物园登山步道鸟瞰图（戴文瀚 摄）

西宁市北山秋天景色（西宁林草局提供）

西宁高原明珠塔俯瞰南山植物园（西林林草局提供）

西宁市北山植被绿化现状（西宁林草局提供）

西宁北山沟道治理实景照片（西宁林草局提供）

一辆高铁行驶在北山"四边"绿化边缘（西宁林草局提供）

Lucid Waters and Lush Mountains
"Compound" A City:
Exploration on Mountain Ecological
Restoration in Xining City

绿水青山"复"一城
——西宁市山体生态修复实践

邓兴栋　王小兵　许云飞　编著

中国建筑工业出版社

图书在版编目（CIP）数据

绿水青山"复"一城：西宁市山体生态修复实践＝
Lucid Waters and Lush Mountains "Compound" A
City: Exploration on Mountain Ecological
Restoration in Xining City / 邓兴栋，王小兵，许云
飞编著. —北京：中国建筑工业出版社，2023.8
　　ISBN 978-7-112-29090-1

　　Ⅰ. ①绿… Ⅱ. ①邓… ②王… ③许… Ⅲ. ①山—生
态恢复—研究—西宁 Ⅳ. ①X171.4

中国国家版本馆CIP数据核字（2023）第161706号

责任编辑：王　惠
书籍设计：锋尚设计
责任校对：刘梦然
校对整理：张辰双

绿水青山"复"一城——西宁市山体生态修复实践
Lucid Waters and Lush Mountains "Compound" A City: Exploration on Mountain Ecological Restoration in Xining City
邓兴栋　　王小兵　　许云飞　编著

*

中国建筑工业出版社出版、发行（北京海淀三里河路9号）
各地新华书店、建筑书店经销
北京锋尚制版有限公司制版
临西县阅读时光印刷有限公司印刷

*

开本：787毫米×1092毫米　1/16　印张：13¾　字数：247千字
2023年7月第一版　　2023年7月第一次印刷
定价：**128.00**元
ISBN 978-7-112-29090-1
（40858）

本书编委会

编　著

邓兴栋　王小兵　许云飞

编著单位

广州市城市规划勘测设计研究院

编　委

刘　洋　张　峥　李晓晖

闫永涛　张　晶　方正兴

崔埕榕　王秦乔丹　伍丽萍

刘　犇　汤　圆　马竣才

朱建武　王玥心　张子祥

张志法　刘银帮　向　凡

本书由广州市城市规划勘测设计研究院科技基金资助出版

序 ——

2012年中国共产党第十八届全国代表大会明确了生态文明建设的国家战略，旨在解决迫切的资源约束趋紧、环境污染严重、生态系统退化等严峻问题。2013年党的十八届三中全会提出完善自然资源监管体制，统一行使所有国土空间用途管制职责。2017年中国共产党第十九届全国代表大会进一步明确完善生态环境管理制度，统一行使全民所有自然资源资产所有者职责，统一行使所有国土空间用途管制和生态保护修复职责。2022年中国共产党第二十届全国代表大会强调中国式现代化是人与自然和谐共生的现代化，要加快实施重要生态系统保护和修复重大工程，推进人与自然和谐共生。生态修复无疑在美丽中国建设中扮演着十分重要的角色，积累生态修复规划与工程建设案例，总结相关工作经验与教训，对行业和事业的发展具有重要意义。

《绿水青山"复"一城》是一部应时之作。该书以西宁市作为持续研究对象，在扼要归纳生态修复及相关概念的发展、国家需求及相关政策演变的基础上，系统梳理了国内外具有代表性的生态修复实践发展案例，深化了对我国生态修复事业所面临问题的理解，为相关工作贡献了丰富可供借鉴的资料。本书构建了基本完善的关于区域生态修复从研究、规划、工程治理到评估全过程的知识与方法体系，读者可以通过阅读本书了解到流域和生态修复规划需要掌握的相关学科概念、主要专业问题、生态修复理论与方法的全貌。这一工作超出了对实践著作的要求，大大提升该书的阅读与传播价值。

在实践探索部分，作者以西宁为例，围绕高原山地城市生态修复构建并检验了一个基本完整的工作框架：在理解西宁生物地理气候特征的基础上，解析了主要生态问题，模拟了代表性的生态与人文过程，提出了生态修复策略和主要工程措施，最后系统地评价了西宁生态修复的环境、经济和社会效益。从工作方法到案例内容，不仅内容完整而且具有一定的开拓性，对我国北方和西北地区同类地区具有借鉴意义，同时为占地球陆地表面约30%的世界干旱地区生态修复提供了一个具有参考意义的中国案例。

借此机会，我想稍展开讨论一下和本书相关的生态修复工作，以便读者更好地理解本书的作用，一起推动专业和相关事业的发展。

第一，对生态修复事业的认知还有待更为广泛的推广和提升。和人们对任何事物的认知一样，生态修复从研究、规划设计、工程实践和事前与事后评估、专业要求等各个方面都要经历从发展到完善的过程。生态修复是保护和维护山水林田湖草沙生命共同体事业的重要内容和手段。对"生命共同体"的外延认知，在过去十年中就是不断发展与变化的，经历了从"山水林田湖"到"山水林田湖草"，之后才有今天看到的"山水林田湖草沙冰"。从保护环境到保护全类型的生态系统和土地系统，以及与生态系统紧密相连的生物多样性，是认知的一次次质的飞跃。未来的关注重点和发展方向应该回归到"人"。人类是今天地球生态系统的重要塑造者和改变者，人类对自然的索取和利用方式决定着一片土地的历史、现状和未来。通过生态修复的方式，来解决人类生存的土地环境和生态发展问题，是一项基础而艰难的工作，应给予更多关注。

第二，对环境资源的有限性和过度设计的关注还有待提高。和生态修复相关的国土整治工程一直面临着多重困境，一是环境资源，尤其是水资源短缺是造成相关生态问题的主要原因；二是修复这些生态破损空间需要相关资源，尤其是水资源的大量投入；三是过度设计、过度依赖土建工程解决生态问题的现象普遍存在。这里使用"过度设计"一词，希望提醒同行和同事们，生态修复需要整合人类已经积累的相关知识、技术、方法，以及对既有解决方案进行反思以获得经验与教训，进而提出并尝试与众不同的新想法、新途径，这一活动就是设计。生态修复工作是针对破损的土地与生态系统的全过程统筹与设计，覆盖每一寸土地，是对包括人类在内的每个生命的精心呵护。不过度设计、减少对人工化工程途径的依赖、降低对水资源等战略性资源的消耗，同时保护生物多样性和栖息地，是未来实践探索的主要方向。

第三，对做好生态修复需要的"证据"以及用好它们的工作方法还有待进一步加强。这方面，本书提供了一个难得的实践案例，展示了具有参考价值的成果。期待更多生态修复实践案例积累的同时，更期盼相关工作和工程实践不断地改进。典型性需要改进的地方包括：一是更多相关专业知识的融合与应用，特别是理解土地自然与人文过程的全部知识，它们可以用浩瀚且庞杂来形容。二是必须有更多的跨学科、跨专业和跨领域的深度合作和实践参与，以克服任何个人和单一团队知识的不足。三是必须逐步建立和提升从业者个人和专业团队职业伦理与土地伦理的操守，修复和保护生态、呵护土地上生存的人，必须坚持有所不为有所为，接受职业道德的约束是生态修复事业的保障性机制。

感谢广州市城市规划勘测设计研究院同行的信任，邀请我为《绿水青山"复"一城——西宁市山体生态修复实践》撰写序言。这里，与同行们一起共勉。

2022年11月1日于燕园

坐落在西宁南山植物园一侧的山巅上有一处高原明珠塔，近些年常常吸引来自全国各地的游客参观。这里地势高耸，塔底一楼是西宁市城市规划展览馆，可以在这里对西宁几百年来的城市发展历程做一个简略的时光浏览。登上塔顶明珠观光厅，可以360°地观赏整个西宁的城市风光，以及四季轮转的季节变化。

顺着南山的山脊分界线远眺，往往可以看到颇为奇特的阴阳坡植被景观，阳坡面由于常年日晒风吹蒸发量大，降水难以存储，导致植被稀疏且多为矮灌丛景观。阴坡面受太阳直射时间较短，降雨降雪水分得以更多地保留下来，滋养出层次丰富的植被群落，宛然一幅"高原江南"风景画卷。如果仔细顺着山脊线往下看，还会看到一条条绵延数百米长的梯田种植床和一个个深浅不一的树木种植坑，这是西宁市自2015年开始就不断实施的南北山海绵工程，至今仍在一步步重塑着南北山植被景观风貌。

提起种树，几乎每个西宁人都有着亲切的情感回忆。

每当夏季来临时，站在西宁市南北山上眺望，可以看到一棵棵山杏、海棠、杨树布满山头，一处处鱼鳞坑和一株株油松、圆柏稳稳地伫立山坡，守护着南北山的土地，为城市居民源源不断地提供新鲜空气，也为过往西宁的游客展示着"高原夏都"的生态底色。

很难想象现如今绿意盎然的南北两山，在30多年前还是一片风吹沙走、水土流失、寸草不生的荒山裸地。20世纪80年代，面对着一年四季几无绿色的城市生态环境，青海省委做出"绿化西宁南北两山、改善西宁生态环境"的战略部署。1989年，南北山绿化指挥部成立，时任省委领导亲自担任总指挥，在当年全省财政收入只有6亿余元的情况下，"挤"出了1350万元用于南北山绿化工程。同时，积极号召青海省和西宁市各级团体和企事业单位，参加南北山绿化建设，创建了"包产到户"的绿化新模式，先后组织168个机关、团体、企事业单位、驻军、武警部队和部分个体成立了117个绿化种植区。其后历经30余年坚持不懈的山体植树造林，在高原大地上，硬生生栽种出一片绿色森林。

据统计，自1989年南北山绿化指挥部成立以来，西宁市南北山的森林覆盖率由最初的7.2%提升到2020年的79%，累计完成植树造林面积94000亩以上，初步探索出一套在高原高寒半干旱地区开展规模化绿化的"西宁模式"。

笔者在2018年深入西宁参与"西宁市生态修复专项规划"工作时，就被这里贫瘠的土地、高寒半干旱的气候条件以及与之鲜明对比的高原绿色森林所吸引。此后因为工作的原因，每年都会到访西宁一些时日，在相关工作调研中，更是多次踏勘走访南北山，与南北山的植树造林人、护林人近距离接触，听他们用朴实的言语诉说南北山这几十年的生态变迁。也是在这里，对"森林防火千秋业，生态安全万代兴"的宣传标语有了切身的体会，有时一片林火毁坏的不仅仅是树木，更可能是两代人几十年的艰辛付出和青春。

为了更好地将西宁南北山这历经30余年的生态工程记录下来，我们有了撰写本书的初衷。

我国开展生态修复工作已有几十个年头，从最初的三北防护林、库布齐沙漠治理等重大林地、荒漠治理工程，到现如今山水林田湖草沙系统修复治理，生态修复每时每刻都在改善着我们的国土生态环境。当下，国土空间生态修复以实现国土空间格局优化、生态系统健康稳定和生态功能提升为目标，在明晰国土空间生态系统病症、病因和病理的基础上，进行物种修复、结构修复和功能修复，这不仅是自然层面的修复，更是"自然+社会"的综合修复。

在本书的撰写过程中，我们系统地梳理了国内外生态修复工作的理论、方法和实践案例，并对我国国土空间生态修复相关的政策文件进行充分解读，从山地城市的视角出发，引入流域生态修复治理单元的理念，以流域统筹山水林田湖草的系统治理。同时，本书基于西宁南北两山生态修复的实践经验，寻求构建一套较为系统的山体生态修复工作模型和框架，探索开展山体生态修复工程的实施成效评估，力图形成一套较为实用的生态修复研究体系，供业内人士交流和探讨。

本书的撰写得到了西宁市自然资源和规划局、西宁市林业和草原局等单位领导和专家的帮助，是他们为本书提供了有关西宁山体修复实践总结的参考资料和宝贵数据，本书也得到了北京大学建筑与景观设计学院李迪华老师、王志芳老师的悉心指导，在与广州市城市规划勘测设计研究院内黄慧明、张晶、方正兴、刘洋、李晓晖等专家交流讨论中，获益良多，他们的耐心指导和真知灼见对笔者加深国土空间生态修复的认识有了更全面系统的补充。本书所引用的国内外近百位专家学者的文献对本书的完成也提供了宝贵的理论知识、方法经验和案例借鉴，特别是国内一个个优秀生态修复案例在书本呈现的时候，作为案例引用者深感与有荣焉，在此一并表达诚挚的感谢。

北京大学建筑与景观设计学院李迪华老师曾言，设计的本身就是"让每一寸国土都得到精心呵护"，在本书的撰写过程中，这句话一直萦绕笔者耳边。国土空间生态修复工作的本质就是"让每一寸国土都得到精心呵护"，面对如此宏大而富有责任的使命，我们自知才学浅陋，仅将所学、所知、所看、所感的一些工作和内容加以文字整理，最终编著了本书。其中难免有所疏漏，错讹之处，还请国内外学者和同行业人士给予赐教！

编者

2021年11月2日于珠江规划大厦

目录 ——

Chapter III
Theory and Method

Chapter IV
Exploration and Practice

第四章
探索与实践

Chapter **V**
Evaluation and Effectiveness

2008年11月2日，云南省楚雄、昆明、临沧、红河、大理、玉溪、保山、昭通、德宏、普洱、西双版纳11个州（市）遭遇了一场前所未有的暴雨袭击。到11月5日，连续3天的降雨渐渐累积下多处灾害隐患，楚雄等地先后发生滑坡和泥石流等灾害，累计造成了40人死亡43人失踪，电力、交通、水利、通信等基础设施不同程度受损，因山洪灾害直接造成的经济损失达5.92亿元。

在这一场突如其来的地质灾害中，大自然本已给人类预留足够的时间规避风险，但由于人类缺乏对自然灾害的认知和避害能力最终酿成了悲剧。

在看似植被覆盖充足的山坡地带，深层的土壤结构经过连续几天的雨水浸泡后逐渐稀释，在土壤与岩石的中空层形成一处处滑坡地带，绿意盎然的地表下早已危机四伏，经过强降雨的持续冲刷后，滑坡自然而然就产生了。

每一年，在中国大地上的此类生态事件时有发生，或是在长江中下游平原上一处处正在消失的湖泊坑塘，或是在黄土高原每逢降雨就顺水而下的肥沃土壤，或是西南某省采矿开挖后遗留下的大面积废旧矿山，抑或是在青藏高原上不断退化消融的冰川雪原。水土流失、河湖退化、矿山废旧、冰川消融等一系列生态问题正成为当下我国可持续发展面临的紧要课题。

而在距离云南楚雄2000多千米之外的内蒙古高原，则有另一番不同的景象。"几"字形的黄河在流经内蒙古高原后，在其南岸的鄂尔多斯杭锦旗与达拉特旗之间，形成了一片绵延长度上百公里的沙漠——库布齐沙漠。

40年前，这座中国第七大沙漠还是一大片戈壁荒滩，常年风沙肆虐，鲜有人迹。每当遭遇冬春时节的大风天气，库布齐沙漠的黄沙就蔓延覆盖到周边百公里范围内的村庄，形成一片无人的荒漠区，被当地人戏称为"死亡之海"。

如今，在经过库布齐人几十年的生态治理探索下，库布齐沙漠近1/3的土地得到绿化治理，绿化面积达5000多平方千米，实现从"沙退人进"到"绿进沙退"的生态转变，曾经消失的草原和牛羊也再次出现在了这片土地上。库布齐人由此总结出综合固沙、"植物—工程"治沙、复合套种植物固沙、川路切割防沙等多种防风治沙模式，打造了生态修复和沙漠绿化治理的"中国样板"。

2015年，库布齐沙漠因突出的沙漠绿化治理成就获得了联合国环境署的高度肯定，被授予联合国2015年度土地生命奖。在其获奖评语中，库布齐沙漠治理被赞扬为"全球沙漠生态经济示范工程"。

图0-1 库布齐沙漠生态治理航拍（图片来源：中青在线）

同样的生态修复工程，每一天都在中国大地上上演。

自1979年开始动工的三北防护林工程，至今已持续了40余年的历程，涉及我国国土面积的五分之二，对区域沙漠化治理和水土流失防治起到了极大的改善作用。1986年开始的太行山绿化工程，目标是将森林覆盖率由最初的15.3%提升到43.6%，1988年开始的长江中上游防护林体系工程旨在对长江中上游地区水土流失、洪涝灾害进行系统治理。其他类型的黑臭水体治理、土壤污染治理工程等也在不断开展中。

纵观人类发展历程，在与自然相处的过程中先后经历了三个不同的阶段。

在早期原始社会，人类从自然中获取水和食物，借助山洞寻求安全遮蔽的场所，在与自然的相处中，人类敬畏自然，感恩自然赐予的生存条件。到了封建社会，人类对自然规律有了进一步的认知，学会驯化动物和培育农作物，学会趋利避害和利用自然，以自然为师的同时也学会与自然和谐共存。进入工业文明时期后，人类借助科技的力量不断挖掘自然的价值，以征服和最大化利用自然为利益诉求，人类对大自然的态度从敬畏慢慢变成索取和征服，自然环境也因人类的过度使用而发生着数千年来最大的变化。

恩格斯曾说："我们不要过分陶醉于我们人类对自然界的胜利，对于每一次这样的胜利，自然界都对我们进行报复。"1962年美国学者Rachel Carson出版《寂静的春天》（*SILENT SPRING*）一书，唤醒了人类对过度破

图0-2　西宁市南山国土绿化工程航拍图（西宁市林草局）

坏自然而引发一系列环境问题的深度思考。而近半个世纪以来，全球气候变暖、臭氧层破洞、城市热岛效应、区域雾霾、极端洪涝等自然灾害的频繁发生，已经给人类敲响了警钟。

如今，在与自然相处的进程中，我们已经从工业文明进入了生态文明的时期，学会尊重自然、顺应自然并保护自然，建设生态文明开始成为新时代发展的主题。

那么，什么是生态文明？

生态文明一词最早由我国生态环境学家叶谦吉教授提出，他认为生态文明是"人类既获利于自然，又还利于自然，在改造自然的同时又保护自然，人与自然之间保持着和谐统一的关系"。《辞海》中对生态文明的定义是"指人与自然和谐共生、全面协调、持续发展的社会和自然状态"。

2007年党的十七大报告中首次正式提出了生态文明的理念，旨在描述石器文明、农业文明、工业文明后的又一文明进程，强调人与自然和谐相处，是经济社会进入可持续发展的一种高阶文明形式。在党的十九大之后，生态文明建设进一步上升到国家"千年大计"的政治地位，将绿水青山和绿色发展的理念深入贯彻到我们社会文明的血液之中。

其次，为什么要构建生态文明？

人与自然的关系自古就随着社会发展而不断发生着变化。我国是世界上人口最多的国家，人多地少、耕地数量有限、生态环境承载压力过大一直是

图0-3　成都市郫都区青杠树村生态种养基地（徐浩伦 摄）

我们社会发展过程中面临的实际问题。

　　同时，我国自然资源集中度和人口分布呈背离趋势，以"胡焕庸线"为界，"胡焕庸线"东南侧以43%的国土面积承载着全国94%的人口，而"胡焕庸线"西北则以57%的国土面积仅承载着约6%的全国人口[1]，分割线两侧区域的人均可利用自然资源极不平均，"胡焕庸线"东南的省份需要利用更加有限的土地资源承担更多的城市发展、人口生活和公共服务供给，也决定了我国经济发展需要走资源集约型道路，需要充分尊重和保护自然生态环境。

　　因此，构建生态文明社会，要秉承"绿水青山就是金山银山"的发展理念，修复因经济发展而透支的自然生态环境，要走可持续发展道路，坚持绿色、低碳、可持续发展将是实现中华民族伟大复兴的必由之路。

　　最后，如何构建生态文明？

　　构建生态文明，首要的是树立"尊重自然、顺应自然、保护自然"的理念，树立"绿水青山就是金山银山"和"山水林田湖草是生命共同体"的理

1　数据来源，全国第六次人口普查

念，将生态发展的理念融入到整个国土空间和社会发展中。

他山之石，可以攻玉。国外发达国家在经济社会发展过程中也都经历过"先污染后治理""生态环境修复"和"生态系统重构"的过程，在政策体制、修复治理理论和技术创新中积累了成功经验，这些经验对我国生态文明建设具有重要的借鉴意义。

具体而言，我国的生态文明建设可以从"宏观—中观—微观"三个尺度加以落实。宏观层面要尊重自然山水生态安全，尊重自然山川河流形态，保护大山大水的自然格局。政府在宏观政策上制定生态文明相关的法律法规，系统指导我国生态文明的建设发展。中观层面要系统保护山水林田湖草等自然资源，重点保护核心生态敏感区域，加强对破损生态资源的修复和再利用。微观层面要将绿色发展的理念融入到经济社会生活的方方面面，从地块生态修复精准治理、构建绿色出行方式、发展绿色产业经济等多个层面出发，实现生态、生产、生活空间的有机平衡。

生态文明建设并非一朝一夕的事情，需要付出长久的努力和决心，逐渐将生态发展的理念融入我们每个人的生活中，像爱护眼睛一样爱护自然环境。毫无疑问，在构建生态文明的过程中，开展系统的国土空间综合整治和生态修复，保护和呵护每一寸国土，是实现经济社会可持续发展和建设美丽中国的重要路径。

在本书成文的过程中，我们有幸看到《关于开展长江经济带废弃露天矿山生态修复工作的通知》《全国重要生态系统保护和修复重大工程总体规划（2021—2035年）》和《海洋生态修复技术指南（试行）》等一系列国土空间生态修复政策文件的出台。在经历多年的资源消耗换取经济发展，并由此带来一系列生态环境问题后，社会的目光终于转向自然，把修复国土生态环境，再现美丽国土摆在了压倒性的位置。相信长江经济带露天矿山的生态修复治理、海洋生态修复只是一个开始，一系列基于国土空间生态修复的行动都将一一践行。未来，一个个美丽的自然山体、森林、河流、湿地、草原将重新焕发生机。

Chapter I
Origin and Background

第一章
源起与背景

第一节 直面问题——
当代城市与自然的生态困境

我国国土空间有960万km²土地和300多万km²海域，是一个庞大而复杂的生态综合系统，其中蕴藏着丰富的油气和矿产资源，分布着广阔的耕地、草原、山川、森林、湖泊和湿地等自然资源。各资源要素之间相互作用，协同发挥着生态功能，构筑了国土安全的生态屏障，是我国社会经济发展和生态文明建设的基本载体。

改革开放以来，我国经济经历了多年的持续高速增长，城市化率从1978年的17.92%提升到了2020年的58.52%，创造了举世瞩目的中国奇迹，在综合国力、经济发展、工业制造等各个领域都取得了极大的成就。

根据《中国农村发展报告2020》预测，至2025年我国城镇化率将达到65.5%，保守估计将有8000万以上的农村人口转移到城市生活和工作，到2035年，我国城镇化率将进一步达到75%～80%之间，基本与发达国家城镇化率持平。同时，虽然我国各类自然资源总量丰富，但由于我国人口众多，人均自然资源占有量相对较低，人均耕地面积仅1.43亩，不到世界平均水平的40%，每年还在以约130万ha的速度递减，人均森林面积、人均森林蓄积量、人均草地面积、人均淡水资源分别为世界平均水平的21.3%、1/8、1/3、1/4。此外，我国人均石油、天然气、矿产资源均排名均处于世界靠后水平，且后备自然资源也十分有限（周璞等，2016）。

在资源环境有限的情况下，我国经济快速发展对自然资源的消耗却一直居高不下。据统计，2018年我国煤炭消费、用电总量都居于世界首位，石油消费居于世界第二位，我国每年消耗的木材占全世界消耗木材总量的32%以上，每年消耗的水泥、玻璃、钢材分别占全世界消耗总量的45%、42%和35%，碳排放总量占全球碳排放总量的27.2%，使得我国自然资源环境承载力始终处于高负荷状态。

长期以来，在快速城市化发展过程中，国土空间生态资源面临着被不断侵占，生态资源保护让位于经济发展的尴尬境地。每年冬季，飘浮在华北平

图1-1 河南省郑州市发生特大洪水灾害（2021年8月）

原上空的雾霾经久不散，每当夏季来临，短期内的强降雨都是对城市排涝设施的极大考验。城市建成面积的不断扩展，开始将发展的触角向城市周边自然山体区域延伸，山体开挖后带来的裸露地表，不仅造成了区域景观斑块破碎化，也留下了滑坡、崩塌、泥石流和水土流失等安全隐患。

纵观国外发达国家优秀城市发展建设经验，也基本经历了"先发展、后治理"的道路，在城市建设过程中都面临过水环境污染、大气污染、噪声污染、城市生物多样性减少等一系列城市问题，并由此开始关注城市生态系统的修复、保护与重构。

我国各大城市在快速城市化发展中往往秉承"人定胜天"的发展思路，对城市各类自然资源的过度消耗和破坏时有发生，当科技发展助力城市面积越来越大，人口规模越来越集聚时，城市生态环境却并未随之提升改善，"大城市病"在我国各大城市中反复上演。城市面临着生态系统功能退化、城市水体土壤环境污染、生物栖息地破坏和生物多样性消失、城市热岛效应等各类生态环境问题，亟须走出一条生态适宜、环境友好、产业繁荣、民生富足的城市发展新路子。

（一）城市生态系统功能退化

城市生态系统是生态系统的一种特殊类型。

与其他生态系统不同，城市生态系统是一个"社会—经济—生态"高度复合的系统，具有复合性、开放性、多功能性和特殊性。随着我国城镇化进程的不断加快，城市建设面积的不断扩展和人口的集聚，先后涌现出超大城市、特大城市、Ⅰ型大城市、Ⅱ型大城市、中等城市、小城市等多个级别[1]，城市生态系统的生态功能在不断的人口扩张中逐渐退化。以珠三角为例，珠江三角洲地区在2020年城镇化率达到了83.84%，城镇用地面积大量由耕地、林地和草地等生态功能用地转化而来，城市集中建设区不断蔓延和蚕食着生态功能用地，导致了城市生态系统功能逐步丧失，土地碳汇存储能力也遭到严重下滑。

（二）城市水土污染频发

城市用水关系到每个居住者的日常生活和工作。进入21世纪后，我国城市化进程进入快速发展期，城市生活污水、工业废水的排放量日益递增，而城市配套管网建设却滞后于城市人口和用地的增长，导致城市"看海"现象和黑臭水体问题频发。我国城市黑臭水体具有较为明显的地域特征，黑臭河道以"胡焕庸线"为界，集中分布于我国的东南部，并且其密集程度与经济发展程度呈正相关，在环渤海经济圈、长三角经济圈、珠三角经济圈尤为显著，特别是在经济发达且水系较多的中南地区和华东地区，城市黑臭水体的占比高达71%。此外，城市用地扩张过程中对河道水体的侵占填埋，会造成河网水体流动性变差以及底泥污染物悬浮等问题频发，这也是城市水体污染在修复治理中需要解决的重大课题。

（三）城市生物栖息地破坏和生物多样性消失

城市建设用地的快速扩张最直接的影响就是对原有生物栖息地的侵蚀，并造成城市生物多样性的消失，其中湿地、林地、草地等原生生态系统受到

---

1 城市级别划分标准来源于《国务院关于调整城市规模划分标准的通知》（国发〔2014〕51号），2014年10月29日。超大城市（常住人口规模1000万以上）、特大城市（常住人口规模500万~1000万）、Ⅰ型大城市（常住人口规模300万~500万）、Ⅱ型大城市（常住人口规模100万~300万）、中等城市（常住人口规模50万~100万）、小城市（常住人口规模50万以下）

的破坏最为明显。据统计，粤港澳大湾区在2017年城镇化率已达到87%[1]，但其重要生态栖息地面积减少了约3870km²，其中湿地面积减少尤为突出。重要生态栖息地面积的减少严重影响了珠江三角洲区域鱼类和鸟类的原生生境，造成生物栖息地的破坏和生物多样性的丧失。

在2015年联合国大会通过的《2030年可持续发展议程》中，提出了17个可持续发展目标和169项为这些目标提供支持的具体目标。其中，目标14、目标15就直接与水生和陆地环境中的生物多样性相关。我国在2019年发布了《中国落实2030年可持续发展议程进展报告》，从未来城市可持续发展的视角，提出了中国的应对方案和策略。其中，将持续改善和恢复城市生物栖息地，恢复城市生物多样性，作为城市生态保护与修复的重要内容。

（四）城市热岛效应

城市热岛效应是指城区温度高于城市外围温度的一种效应。

在城市建设过程中，通常会使用大面积的水泥和沥青路面，加上城市建筑物的高度密集，城市林地和草地减少等因素，造成了城市大气中二氧化碳的浓度要高于城市外围地区，容易引发城市局部气候酷热难耐和城市区域性降雨差异，严重时会引发次生灾害，对居住于城市中的市民健康带来影响。同时，局部区域的高温会造成城市资源的急剧消耗，带来用水、用电、用气等供应紧张。此外，城市中汽车尾气等废气的排放和空气中CO_2的提升，会造成一定程度的光化学烟雾等情况，破坏城市大气环境。

当下，通过生态修复解决城市面临的各类环境问题成为解决城市问题的重要抓手。各地政府通过重塑城市生态空间格局、提升城市生态系统服务功能、开展城市生态修复等实践，直面城市面临的生态困境，建设与完善城市与自然生态共同体。

2020年9月，中国领导人在第七十五届联合国大会一般性辩论上庄严宣布，中国将以新发展理念为引领，在推动高质量发展中促进经济社会发展全面绿色转型，脚踏实地落实2030年前二氧化碳排放达到峰值，努力争取在2060年前实现双碳目标。

"碳中和""碳达峰"目标的提出，体现了中国在应对全球性气候环境问题上的大国责任与担当，也意味着未来中国各大城市在发展路径和理念上面临着新的转变，从单纯追求城市经济发展转变为注重经济、社会和生态的协

1　数据来源：《粤港澳大湾区发展规划纲要》

调统一，从注重速度发展转变为高质量发展，从忽视人居环境转变为注重人居环境品质的改善，在城市与自然生态环境生命共同体建设中，探索一条健康友好的生态之路。而生态修复的核心作用就是改善衰退的生态环境功能，增加生态系统的固碳能力，为我国早日实现"碳中和、碳达峰"的目标做贡献。

第二节　实践行动——
从"城市双修"到国土空间生态修复

一、"城市双修"的行动与成效

"城市双修"是"城市修补，城市生态修复"的简称，是我国治理"城市病"、改善人居环境的重要行动。作为推动我国供给侧结构性改革、补足城市短板的重要抓手，"城市双修"是我国城市化进程发展到一定阶段后，治理城市问题的一种主动作为，在一定时期内承担了转变城市发展方式和提升人居环境的重要职责。

2015年，海南省三亚市为应对城市快速扩张中带来的生态受损、山体破坏、海岸线侵蚀、河流水体污染、城市风貌杂乱等一系列城市问题，开出了城市"生态修复、城市修补"的药方。在明确"近期治乱增绿、中期更新提升、远景增光添彩"的规划治理方案后，坚持目标导向与问题导向相结合，全面推进城市"生态修复、城市修补"工作。

其中，生态修复工作重点围绕山体修复、海岸线修复、河岸线修复这三项重点工程来开展，城市修补工作围绕拆除违法建筑、整治广告牌匾、改造城市绿地、协调城市色彩、优化城市天际线和街道立面、实现夜景亮化六大工程开展，经过不断地规划治理，逐步改善了城市生态环境。通过统筹编制《生态修复城市修补总体规划》，三亚市全面实施山、海、河三大生态修复工程，修复被破坏的山体、海岸、河流，恢复提升城市生态系统功能，共梳理出抱坡岭山体修复、三亚河治污、丰兴隆生态公园等18个重点项目，并制定出台了《三亚市白鹭公园保护管理规定》等3部地方性法规，制定了《三亚市海岸带保护规定》等16项规章及规范性文件，建立了"城市双修"工作的长效机制。

三亚市"城市双修"工作在全国层面取得了良好成效，具有典型示范意义。2015年6月，住房和城乡建设部将三亚列入全国首批"城市双修"试点城市。同年12月，在中央城市工作会议上提出"要加强城市设计，提倡城市修补"和"要大力开展生态修复，让城市再现绿水青山"的目标。随后，"城市双修"在全国各大城市推广，各项关于生态环境保护的条例不断出台。相关法律法规的出台，推动了环境保护、环境改善事业快速发展，使普通民众的环保观念发生了很大变化。随着我国当下的社会主要矛盾转化为人民日益增长的美好生活需要和不平衡不充分的发展之间的矛盾，"城市双修"作为有效改善人居生活环境品质的重要抓手，是增强人们的幸福感、获得感和满足感的重要路径。

2017年3月，住房和城乡建设部出台《关于加强生态修复城市修补工作的指导意见》（建规［2017］59号）（简称《指导意见》），将生态修复、城市修补工作作为治理"城市病"和改善人居环境的重要抓手，在全国层面进行推广实施，并明确了"城市双修"工作的基本原则和主要内容。

其中，"城市生态修复"工作重点围绕城市山体修复、水体治理修复、城市废弃地修复利用和城市绿地系统完善四个方面展开，重点对破损的山体、受污染和侵占的水体、受污染的城市废弃地等区域进行生态治理，在尊重自然规律的前提下，有计划、有重点地恢复被破坏的自然区域，并逐步完善城市绿色网络体系，实现居民出行"300m见绿、500m入园"的目标。

"城市修复工作"围绕填补基础设施欠账、增加公共空间、改善出行条件、改造老旧小区、保护历史文化、塑造城市时代风貌等六个方面展开。重点要解决城市环境品质不高，老旧小区基础设施和公共服务设施不足，城市空间秩序混乱，历史文化保护区域保护不力等问题，通过加强总体城市设计，确定城市风貌特色，保护山水、自然格局，优化城市形态格局，完善城市各类公共服务设施和基础设施，维护城市功能体系和恢复活力空间。

至2017年7月，住房和城乡建设部先后分三批次公布了58个"城市双修"试点城市。其中，西宁市作为第二批也是青藏高原地区首个"城市双修"试点，按照《指导意见》要求开展了一系列山体生态修复治理、水环境治理、城市公园体系完善和城市废弃地修复治理等工作，在青藏高原地区起到引领和示范作用。西宁"城市双修"工作的开展，对维护中华水塔生态功能，保护黄河上游生态环境，承担上游责任，保护青藏高原脆弱生态环境起到了重要作用。

表1-1 全国"城市双修"试点城市分布表（三批次）

序号	批次（数量）	地区（数量）	省份	城市	序号	批次（数量）	地区（数量）	省份	城市
1	第一批（1）	华南（1）	海南省	三亚市	30		华东（11）	山东省	济宁市
2	第二批（19）			福州市	31				威海市
3		华东（5）	福建省	厦门市	32			河南省	郑州市
4				泉州市	33				焦作市
5			江苏省	南京市	34				漯河市
6			浙江省	宁波市	35		华中（8）		长垣县
7		西北（4）	陕西省	西安市	36			湖北省	潜江市
8				延安市	37				长沙市
9			青海省	西宁市	38				湘潭市
10			宁夏回族自治区	银川市	39				常德市
11		华中（4）	河南省	开封市	40	第三批（38）		贵州省	遵义市
12				洛阳市	41			云南省	昆明市
13			江西省	景德镇市	42		西南（5）		保山市
14			湖北省	荆门市	43				玉溪市
15		华北（3）	河北省	张家口市	44				大理市
16			内蒙古自治区	呼伦贝尔市	45			福建省	三明市
17				乌兰浩特市	46		华南（4）	广东省	惠州市
18		华南（1）	广西壮族自治区	桂林市	47			广西壮族自治区	柳州市
19		东北（1）	黑龙江省	哈尔滨市	48			海南省	海口市
20		西南（1）	贵州省	安顺市	49			陕西省	宝鸡市
21	第三批（38）	华东（11）	江苏省	徐州市	50		西北（4）	青海省	格尔木市
22				苏州市	51			宁夏回族自治区	中卫市
23				南通市	52			新疆维吾尔自治区	乌鲁木齐市
24				扬州市	53			河北省	保定市
25				镇江市	54				秦皇岛市
26			安徽省	淮北市	55		华北（4）	内蒙古自治区	包头市
27				黄山市	56				兴安盟阿尔山市
28			山东省	济南市	57		东北（2）	辽宁省	鞍山市
29				淄博市	58			黑龙江省	抚远市

当前，"城市双修"工作在多个试点城市已取得阶段性成效，一方面，各地政府已完成编制"城市双修"总体规划方案及建设实施意见，确定"城市双修"示范区和近期建设项目；另一方面，各地政府陆续出台地方"城市双修"建设指引，探索项目投资开发与运营管理机制，保障了"城市双修"建设工作的持续发展。然而，我国各大城市面临的城市生态问题、环境问题还未得到全面改善，人民对美好生活的向往和对美好人居环境品质的诉求依旧强烈，由此开展更为全面的国土空间生态修复工作成为应有之义。

二、国土空间生态修复的新要求

随着生态文明体制建设的持续推进和国家顶层设计的重大调整，城市治理工作的重点从"城市双修"转换到国土空间生态修复治理的轨道上，并经历了一系列政策支撑和重点聚焦：

- 2016年2月，中央城市工作会议配套文件《中共中央 国务院关于进一步加强城市规划建设管理工作的若干意见》印发，提出"有序实施城市修补和有机更新，解决老城区环境品质下降、空间秩序混乱、历史文化遗产损毁等""恢复城市自然生态，制定并实施生态修复工作方案"。
- 2016年9月，财政部、国土资源部、环境保护部三部门联合发文《关于推进山水林田湖生态保护修复工作的通知》，要求充分开展山水林田湖生态保护修复工作。同年12月，批准了陕西黄土高原、甘肃祁连山、江西赣州、京津冀水源涵养区等4个地区纳入国家首批山水林田湖生态保护修复试点。
- 2017年3月，住房和城乡建设部发布《住房城乡建设部关于加强生态修复城市修补工作的指导意见》，并确定了第二批开展生态修复城市修补的19个试点城市名单，标志着"城市双修"工作在全国开展。
- 2017年10月，"十九大"报告要求"统筹山水林田湖草系统治理"。
- 2018年3月，自然资源部组建成立，着力建立国土整治生态修复制度，统筹山、水、林、田、湖、草系统治理，统一行使所有国土空间用途管制和生态保护修复职责。
- 2018年7月，财政部办公厅、生态环境部办公厅、自然资源部办公厅印发《关于组织申报第三批山水林田湖草生态保护修复工程试点的通知》，并于11月批准了内蒙古黄河中游乌梁素海流域、雄安新区等第三批山水林田湖草生态保护修复工程。

- 2019年1月，中央全面深化改革委员会第六次会议召开，会议强调，要按照山水林田湖草是一个生命共同体的理念，创新自然保护地管理体制机制，实施自然保护地统一设置、分级管理、分区管控，把具有国家代表性的重要自然生态系统纳入国家公园体系，实行严格保护，形成以国家公园为主体、自然保护区为基础、各类自然公园为补充的自然保护地管理体系。

- 2019年1月底，生态环境部印发《长江保护修复攻坚战行动计划》，明确以改善长江生态环境质量为核心，统筹山水林田湖草系统治理的生态修复行动计划，重点推进水资源保护、水污染治理、水生态修复，着力解决长江流域面临的各类生态环境问题，稳步改善和提升长江流域生态环境。

- 2019年4月，中共中央办公厅、国务院办公厅印发《关于统筹推进自然资源资产产权制度改革的指导意见》，提出编制实施国土空间生态修复规划，建立健全山水林田湖草系统修复和综合治理机制。

- 2019年4月底，自然资源部印发《开展长江经济带废弃露天矿山生态修复工作》的通知，正式启动长江经济带废弃露天矿山生态修复工作，重点对长江干流及其支流沿岸的废弃露天矿山进行综合生态环境整治，力争到2020年底，全面完成长江干流及其支流两岸各10公里范围内废弃露天矿山治理工作。

- 2019年5月，《中共中央 国务院关于建立国土空间规划体系并监督实施的若干意见》（中发［2019］18号）印发，明确了国土空间规划作为融合主体功能区规划、土地利用规划、城乡规划的重要手段，构建国土空间规划"五级三类"体系，其中国土空间生态修复作为国土空间规划的重要组成部分，需开展专项规划和专章编制。

- 2020年5月，国家发展改革委、自然资源部印发了《全国重要生态系统保护和修复重大工程总体规划（2021—2035年）》，全面梳理我国生态保护和修复工作取得的成效、存在的主要问题，分析新时代生态保护和修复工作面临的形势，明确到2035年全国生态保护和修复的主要目标，并细化2020年底前、2021—2025年、2026—2035年3个时间节点的重点任务。

- 2020年8月，自然资源部办公厅、财政部办公厅、生态环境部办公厅联合印发《山水林田湖草生态保护修复工程指南（试行）》，在全面总结2016年以来三批、25个山水林田湖草生态保护修复工程试点经验和问题的基础上，对山水林田湖草生态保护修复工程实施提出了总体要求，明确了保护修复原则和一般规定，并对工程实施范围和期限、工程建设内容及自然生态空间保护修复、技术流程、监测评估和适应性管理、工程管理等内容。

- 2020年9月，自然资源部办公厅印发《关于开展省级国土空间生态修复规划编制工作的通知（自然资办发［2020］45号）》，要求省级自然资源主管部门要把国土空间生态修复规划编制作为重点工作抓紧抓实，结合本地区实际制订工作方案，尽快启动开展，力争于2021年6月底前完成规划文本等成果编制。

- 2021年7月，自然资源部办公厅关于印发《海洋生态修复技术指南（试行）》的通知，进一步提升海洋生态修复科学化水平，规范红树林、盐沼、海草床、海藻场、珊瑚礁、牡蛎礁等典型海洋生态系统，以及岸滩、河口、海湾和海岛等综合型生态系统的生态修复措施与基本要求。

从2015年提出的"城市双修"，到2018年自然资源部成立统筹山水林田湖草的系统治理，再到2019年《中共中央 国务院关于建立国土空间规划体系并监督实施的若干意见》（中发［2019］18号）提出编制实施国土空间生态修复规划，生态修复的工作范畴从城市建成区扩大到国土空间全域，研究重点从物质环境拓展到山水林田湖草这一生命共同体。

相比于"城市双修"时期的生态修复工作，国土空间生态修复呈现以下几个新的特征：

（1）更加关注生态系统的完整性。从"山水林田湖草是一个生命共同体"的认知出发，国土空间生态修复首先关注的是生态系统的安全性、稳定性和整体性，注重全域生态网络结构的完整，其次关注生态功能是否遭到破坏和退化，生态面积是否减少，生态质量是否降低，生物多样性是否不足等全局性问题。

（2）更加注重全域全要素的生态修复。相比于"城市双修"中的生态修复工作重点围绕城市山体、水体、城市废弃地和城市公园绿地等四个方面，国土空间生态修复工作注重的是山水林田湖草全域全要素的修复。实际操作中，国土空间生态修复工作注重全域全要素，既关注生态网络联通等生态系统性问题，也关注山水林田湖草矿等各类生态要素问题，以及水土流失、地质灾害、石漠化等地质环境问题，还要统筹考虑农业面源污染、乡村生态环境美化提升等农业农村环境问题，以及城市绿地系统均衡性、城市黑臭水体等城镇人居环境品质等问题。

（3）更加强调城市生态安全。2015年12月，中央城市工作会议上提出城市工作"创新、协调、绿色、开放、共享"五大发展理念，此后在城市工作推进中，"安全"理念逐步成为城市发展的重要补充理念。在快速城市化进程中，城市面临着水土流失、地质灾害、石漠化等地质环境安全问题，也面临着大气污染、噪声污染、光化学污染等气候环境安全问题，以及高原城市面临的高山融雪、冰川消融等环境安全问题，这些现实问题都对城市的安全带来极大挑战和影响。在"城市双修"工作并未对上述问题作具体的回应和布局，而在国土空间生态修复规划工作中则必须思考和面对以上现实问题。

（4）更加注重人居环境品质改善。"城市双修"的出发点是通过解决"城市病"等问题来改善和提升人居环境品质，其更为关注城市主要建成区域。而国土空间生态修复则在此基础上，将修复空间拓展到全域，包括城镇空间和乡村空间。在城镇空间内通过公园绿地系统的优化提升、公园类型的多元化布局、城市闲置地和废弃地的活化利用等路径，实现居民出行"300米见绿，500米入园"的目标，改善人居环境品质。乡村空间主要通过乡村生态环境整治修复，改善村容村貌，完善乡村生活污废水处理等措施，以及"山、水、路、林、村"等五边整治修复行动，提升乡村生态环境和人居品质。

第三节　机遇挑战——
生态修复的时代使命

2015年，中央城市工作会议上，提出了创新、协调、绿色、开放、共享的发展理念，倡导推进生态文明发展。党的十八大（中国共产党第十八次全国代表大会）首次将生态文明建设提升到国家高度，与经济建设、政治建设、文化建设、社会建设一起构成我国经济社会发展的"五位一体"，生态文明建设的重要地位得到全新认知与巩固。

2018年3月，自然资源部组建成立，打破了以往山、水、林、田、湖、草等各自然要素条块式分割管理的格局，首次强调了国土空间生态修复职责。2018年8月《自然资源部职能配置、内设机构和人员编制规定》正式印发，明确成立国土空间生态修复司，牵头组织编制国土空间生态修复规划并实施有关生态修复重大工程，承担国土空间综合整治、土地整理复垦、矿山地质环境恢复治理、海洋生态、海域海岸带和海岛修复等职责。自然资源部的顶层设计对国土空间生态修复的主要职责进行明确阐述，为国土空间生态修复正身，也为开展生态修复实践奠定基础。

当下，我国正处于实现中华民族伟大复兴的关键历史时期，社会经济发展在保证质量的同时需要兼顾国土生态安全和生态可持续性发展，"既要绿水青山，又要金山银山"已经成为发展共识。而开展国土空间生态修复正成为实现美丽中国，建设生态文明的重要路径。

新时期，开展国土空间生态修复工作面临着诸多挑战，需要重点从问题认知、政策引领、规划方法、技术创新和监督管理五个方面加以深化落实。

（1）要加强对国土空间生态修复的问题认识

我国长期以来资源消耗型的经济增长模式留下了众多生态环境隐患，加强对国土生态问题的认知，深入分析生态问题产生的原因和生态过程运行逻辑，充分认识到山水林田湖草是生命共同体，树立"尊重自然、顺应自然、保护自然"的发展理念，是开展国土空间生态修复工作的前提。

我国领土幅员辽阔，各地区气候条件、植被物种、地形地貌等自然生态环境不尽相同，且各地区经济发展和自然资源禀赋不一，使得各地生态问题类型多样，对生态问题的认知也需要区别对待。即使是同一类生态问题，因其所在区域的气候、降雨、土壤性质、社会经济发展状况的不同，生态问题产生的原因也会有所差异，最终所选择的生态修复方法也将不同。

从景观生态学的角度，整个国土空间可以看作是一个综合的复杂生态系统，其中的山、水、林、田、湖、草等自然要素与城市区域共同构成一个完整的生命系统。站在宏观国土尺度上，需要保障国土空间的生态完整性和连续性，保护国土空间生态安全格局。在中观层面，一座座自然山体、一条条自然河流是构成国土空间的各类子要素，自然山体的破损、自然河流的侵蚀、自然土地的污染都是局部生态问题，当这些问题汇集后便会构成国土空间层面的生态大问题。微观层面，破损的废旧矿山、黑臭的水体、工业污染地块等生态敏感区域，是与我们日常生活工作紧密相关的载体，如果对这些地块生态问题视而不见或者听而不闻，将直接影响到民众的日常生活品质，因此，国土空间生态修复正是从每一个小地块修复治理开始的。

（2）要完善国土空间生态修复的政策引领

完善的法律政策是国土空间生态修复工作稳步推进的有力保障。目前，我国尚未正式出台生态修复专项法律法规，生态修复领域的行业标准规范建设也还存在诸多空白，造成我国生态修复工作无法可依、无标准可参考的现状，生态修复的成效难以得到保证。

新时期，在自然资源部国土生态修复司统筹全国生态修复工作的背景下，及时推进国土空间生态修复的立法工作，开展生态修复标准规范研究制定，对国土空间生态修复规划的编制、项目的监管实施、竣工验收和工程质量都有重要意义。

（3）要创新国土空间生态修复的规划方法

科学编制国土空间生态修复规划，是指导国土空间生态修复工作开展的优先任务。国土空间生态修复规划是对国土空间生态修复活动的统筹谋划和总体设计，是在一定时间周期、一定国土空间范围内开展生态保护修复活动的指导性、纲领性文件，而目前，我国国土空间生态修复的规划方法还有待完善。

编制国土空间生态修复规划，首先要通过生态敏感性分析识别规划地区生态敏感地段，包括受损山体、污染水体、污染土壤、污染大气、城市废弃地等生态问题区域，模拟其生态过程，分析生态问题产生的内在逻辑，以此确定生态修复目标、范围和策略。其次，要建立统一有效的生态修复评价指标体系，明确各修复主体的权责，为生态修复规划的成果验收制定考核标准。最后，要结合地方经济社会发展需要，选择合适的生态修复工程方法，编制生态修复工程动态项目库，分期指导国土空间生态修复工作的开展。

（4）要推进国土空间生态修复的技术创新

国土空间生态修复是多学科、多技术有机结合的复杂综合工程，创新的技术工程方法对生态修复可以起到事半功倍的效果。

我国生态修复工作具有区域性强、工程类型多样及技术复杂的特点，应用单一的生态修复手法往往难以完成整个生态修复任务，修复成效也难以保证。因此，国土空间生态修复工作需要充分应用生态学、工程学、物理学、城市规划等多学科的优势，探索多学科和多技术的协同运作，搭建生态修复技术平台，保护和推广国土空间生态修复技术和方法的创新。

此外，要充分借鉴国外发达国家生态修复治理方面的经验，引进和改良适用于我国的生态修复技术方法，推动我国生态修复工作的开展。

（5）要加强国土空间生态修复的监督管理

国土空间生态修复的目标是将破损的生态系统恢复到其破损前的生态状况，而生态系统演替的内在逻辑决定了生态修复工作并非一蹴而就的事情，需要以时间换空间，通过科学的规划，运用物理的、化学的、生物的工程修复手段，实现人工演替与自然演替的结合，并通过动态的监督管理保证生态修复达到预期成效。

目前，我国在生态修复工程监督管理层面的工作刚刚起步，可以充分借鉴国外动态管理经验，建立"全国—省—市—区县—乡镇"的修复工程信息平台，及时动态掌握生态修复治理进程，有效开展监督管理。同时，各地方政府可以根据地方经济社会发展情况以及地方生态治理的需要，制定适用于地方的生态修复监督管理条例，明确修复治理主体的责任和验收标准。

第四节　践行基础——
青藏高原城市生态修复的内在诉求

一、青藏高原生态保护修复的重要意义

在我国三级地理台阶中，青藏高原具有独特的地理标志性。

它是我国面积最大、生态功能最重要的生态屏障，也是我国多民族诞生的源头和华夏文明的发源地之一。青藏高原南起喜马拉雅山脉南缘，北至昆仑山、阿尔金山和祁连山北部，平均海拔在4000m以上。作为全球海拔最高、最年轻的高原大陆，青藏高原在调节全球气候、降雨和温度中具有不可或缺的重要作用，被称为"世界屋脊""全球第三极"。

高原之上，一列列超级山脉绵延千里，包括蜿蜒曲折长达2400km的昆仑山脉和喜马拉雅山脉、长约740km的念青唐古拉山脉、长约840km的祁连山脉以及七条南北纵横山脉组成的横断山脉等。山脉之上是无数大大小小的冰川雪峰，如云南卡瓦博格峰、四川贡嘎山、新疆乔戈里峰以及世界之巅的珠穆朗玛峰，青藏高原囊括了世界上全部8000m以上的山峰资源和大部分5~7km之间的高峰资源。高海拔的气候环境在这些高山雪峰上造就了7万多条冰川，孕育了无数大大小小的湖泊、河流，加之丰富的高山融雪、地表水、地下河流等水资源，使得青藏高原成为我国名副其实的"中华水塔"。

作为全球海拔最高的高原大陆，青藏高原总面积达250万km²，占我国国土面积的四分之一以上。青藏高原独特的地理气候条件与周边地区形成了

图1-2   青藏高原夏季雪山景观（杨超 摄）

高差巨大的断裂带，使得青藏高原拥有独特敏感脆弱的生态环境，围绕其生态环境变化的研究历来受到各国学者的钟爱，包括青藏高原生态系统服务功能、生物多样性、自然演替以及全球气候变化引起的一系列生态环境变化的研究众多。同时，青藏高原是我国长江、黄河、澜沧江三条河流的源头，孕育了长江总水量的25%、黄河总水量的49%、澜沧江总水量的17%以及黑河总水量的45%，三江源的存在对其下游的广大省市地区具有重要的生态意义。

近年来，青藏高原受城市化发展和全球性气候变化的影响，其自然资源和生态气候环境面临着一系列挑战。以全球性气候变暖为主的全球性生态问题，造成了青藏高原的冰川消融、大面积的草原退化、生物资源减少、湿地消失等生态问题。据统计，三江源湿地从建国初期占全区面积的49.08%下降到14.08%，雪山冰川融雪的加剧和湿地面积的减少严重影响了三江源湿地的生态功能，加快推进三江源湿地生态环境保护和修复工作尤为迫切。

2016年3月，《三江源国家公园体制试点方案》的出台将三江源的保护提升到新的高度。试点方案中共划定了黄河源园区、长江源（可可西里）园区、澜沧江源园区等三大区域共12.31万km^2，这占到三江源地区面积的31.16%，囊括了约833km^{2}的冰川雪山、2.98万km^{2}的湿地、8.68万km^{2}的草地和约500km^{2}的林地。三江源国家公园试点方案制定了严格的保护机制，尤为关注对冰川雪山、高海拔湿地、高寒草原草甸等生态系统的保护，注重对珍稀濒危野生动物的重要栖息地和迁徙通道保护，如藏羚羊、雪豹、藏野驴等国家重点保护野生动物。

2016年8月，习近平总书记在青海省考察时提出"青海最大的价值在生态、最大的责任在生态、最大的潜力也在生态"，强调保护好三江源，保护好"中华水塔"的重要职责。2021年6月，习近平总书记再次视察青海时，再次强调保护好青海生态环境是"国之大者"，要牢固树立绿水青山就是金山银山理念，切实保护好地球"第三极"生态，把三江源保护作为青海生态文明建设的重中之重，承担好维护生态安全、保护三江源、保护"中华水塔"的重大使命。

2019年6月，中共中央办公厅、国务院办公厅印发《关于建立以国家公园为主体的自然保护地体系的指导意见》，强调了国家公园等自然保护地体系在全国生态文明建设中的重要地位和作用，并确定了青海省等省份作为国家公园试点省份开展国家公园建设。

2019年8月，首届国家公园论坛在青海省西宁市召开，习近平总书记对论坛致以贺信。随后，青海省提出建设国家公园示范省的工作目标，加快推进三江源国家公园、祁连山国家公园的建设工作，并积极谋划设立青海湖国家公园、昆仑山国家公园，把国家公园建设作为实现青藏高原生态环境保护和"中华水塔"保护的重要路径。通过加强雪山冰川、江源流域、湖泊湿地、草原草甸、沙地荒漠等生态治理修复，全力推动青藏高原生物多样性保护。

2021年10月12日，习近平总书记在全球《生物多样性》第十五次缔约方领导人峰会上宣布正式设立三江源国家公园等在内的5个重点生态区域为我国第一批国家公园，标志着以国家公园等重要生态区域保护为基础的青藏高原保护进入新的历史时期。

图1-3 三江源国家湿地公园（宋昌素 摄）

图1-4 三江源藏野驴生态保护区（宋昌素 摄）

二、西宁高原山地城市生态修复的内在诉求

西宁地处青藏高原与黄土高原的过渡地带，在我国地理空间单元中，具有突出的典型性。同时，西宁位于我国农业区与牧业区的地理分界线、季风区与非季风区的分界线、外流区域与内流区域的分界线上，其山水林田湖草具有典型的地理独特性。作为青藏高原的门户城市，西宁市地理生态环境具有系统抗干扰能力弱、生态边缘效应显著、环境异质性高、时空波动性强和易发生自然灾害等青藏高原生态敏感性特征，其地理格局、气候条件、地形地貌、土壤环境以及生物多样性情况如下：

（一）西宁自然地理生态认知

西宁主城区位于四面环山的错位十字形川道之中，湟水河贯穿市区，河谷两侧多为黄土沟壑，狭长的地理空间受到河流分割以及地质灾害区的影响，市区土地资源十分紧缺，这对城市建设用地的进一步拓展形成制约。同时，西宁市临近祁连山、青海湖等高原气候区的西部边缘地带，有着复杂而脆弱的自然生态环境，在地理气候特征上呈现独特特点。西宁全年气候湿凉，日温差与年温差较大，日照长、辐射较强，且全年降水不足、蒸发强烈，高原雪山与黄土沟壑地貌交错，内陆河流与外流河谷天然分界，高原草地与农业种植区梯带过渡，自古以来在我国自然地理分界线上具有独特而重要的地位。

1. 西宁位于我国西部重要生态屏障的关键节点

西宁地处青海省东北部，在青海省"中华水塔"中扮演着重要角色。2016年8月，习近平总书记视察青海省时指出："青海独特的生态环境造就了世界上高海拔地区独一无二的大面积湿地生态系统，是世界上高海拔地区生物多样性、物种多样性、基因多样性、遗传多样性最集中的地区，是高寒生物自然物种资源库。"明确指出了青海在国家层面独特的生态区位和重要性。在《全国生态功能区划》中，西宁位于我国三江源重要水源涵养区和祁连山国家重要水源涵养区之间，北部的达坂山是祁连山山脉生态分支，承担着西宁重要水源涵养的生态功能。

图1-5　在西宁市高空俯瞰黄土地貌（王小兵 摄）

2. 西宁地处我国重要的地理分界区

西宁地处青藏高原与黄土高原的过渡区，兼具青藏高原的生态敏感性与黄土高原的湿陷性黄土特征，易发生水土流失等自然灾害。其中，青藏高原特征区面积约4200km²，海拔主要在2900m以上，主要地貌类型为雪山、高山荒地、高原草甸、高原林地、峡谷等，其生态特点以生态敏感脆弱为主。黄土高原特征区面积约2800km²，海拔主要在2900m以下，主要地貌类型为丘陵、浅山、脑山、河谷、川道等，是农业种植区、牧业活动区和人类集聚区的交错地带，因湿陷性黄土的广泛分布，此区域常年面临着水土流失风险。

同时，西宁是我国农业区与牧业区的地理分界区。西宁市三大山脉中的日月山是我国外流区域与内流区域的天然分界线，也是我国牧业区和农业区的地理分割线，划分了农耕文明与游牧文明。日月山以西的海西州、青海湖以及三江源等地区是我国典型牧业生态区，日月山以东的西宁市、海东州等地区逐步过渡为农业生态区。在日月山上可以看到典型的农业空间和牧业空间并存现象。

3. 西宁是典型山地城市，具有丰富独特的地理单元

西宁全域的山地面积约为6900km²，占市域面积的90%以上，属于典型

的山地城市，山体生态系统构成了西宁市生态系统的主体。

丰富的地理特征造就了西宁多样的地形地貌，在海拔2170~4898m范围内，从高到低，依次形成雪山、高山荒地、高山草甸、高山林地、峡谷、脑山、河川、河谷等丰富地理单元。其中，海拔2500m以下区域以湟水河谷川水盆地为主，年降雨量在500mm以下，是西宁主要城镇集中区和高质量农田集中地区。海拔2500~2900m之间为浅山地区，年降雨量多在500mm以下，是主要的农业农村集中区域，分布着西宁面积最大的旱地种植区，并发育了众多的山洪沟道，土壤质地以湿陷性黄土为主，是水土流失、地质灾害的高易发区。海拔2900m以上的区域为林地和草地交错集中区，年降雨量在500~700mm之间，是西宁重要的生态安全屏障和生态功能优质区域。此外，在海拔2500m左右的区域形成了农业与城镇生态过渡区，在海拔2900m左右的区域形成了林草与农业生态过渡区，过渡区范围内生态系统交错混杂，有着更为复杂的生境类型和生物多样性资源。

（二）西宁开展山地生态修复的内在诉求

作为黄河上游地区首个人口规模超过百万的大城市，西宁在整个青藏高原地区具有重要战略地位，自古以来被称为"西海锁钥""海藏咽喉"，具有联疆络藏、通川达海的重要交通战略价值，在保障国家重要生态安全屏障中承担着重要职能。

在近年的快速城市发展过程中，西宁市域山体面临着废旧矿山、裸露山体、水土流失、山洪沟道等各类生态问题。而稀少的降雨量和高海拔的气候，以及黄土性母质和第三系红土母质的土壤环境，决定了仅靠自然生态演替来实现西宁山体生态系统的平衡稳定将是一个极其漫长的过程，需要通过人工手段的干预，加快生态修复的进程，逐步实现生态系统的良性发展。

自20世纪80年代开始，为应对西宁城市发展过程中面临的各类生态环境问题，西宁立足自身脆弱的生态本底资源，进行了持续不懈的生态工程建设，先后荣获了国家园林城市、国家森林城市、全国首批水生态文明城市，并先后获批住房和城乡建设部全国"海绵城市"试点（2015年）、全国"城市双修"试点（2017年）。围绕生态文明发展诉求，西宁开启了打造绿色发展样板城市的实践，探索适应于西宁高原山地、河谷山川城市特色的生态修复路径。

图1-6　西宁日月山地理标识分界界碑（王小兵 摄）

1. 绿色发展样板城市的行动与成效

绿色发展样板城市是西宁市2016年正式提出的"十三五"时期生态文明建设的总体纲领行动，该文件以建设幸福西宁为总目标，提出到2020年西宁绿色发展实践取得明显成效，形成与生态文明新时代相适应的制度机制、空间格局、产业结构和生产生活方式，在一些领域走在全国前列，基本建成绿色发展样板城市。同时，西宁制定了"牢固树立绿色发展的价值取向、强化绿色发展的产业支撑、全面构建绿色发展的空间格局、优化绿色发展的制度机制"四大工作任务。积极推进"高原绿、河湖清、西宁蓝"建设行动，打造高原绿城、河湖清城、西宁蓝城，并初步建立起绿色发展框架。

（1）南北山绿化修复实践与成效

多年来，围绕西宁南北山生态环境改善，创造绿色高原城市，西宁不断开拓绿色发展样板的思路。自1989年南北山绿化指挥部成立以来，西宁南北山绿化工程成效斐然，历经30多年，绿化率由7.2%提升到79%，造林面积超94000亩。并建立了两项创新机制，一是"一把手"挂帅机制，从1989年成立南北山绿化指挥部开始，历任省委书记或省长亲自担任总指挥。二是建立"包产到户"种树机制，由青海省的168个机关、团体、企事业单位、驻军、武警部队和部分个体参加南北山绿化，相继成立117个绿化区。

（2）"高原绿、河湖清、西宁蓝"建设行动

"高原绿"行动：西宁市全面启动实施总面积为217km^{2}的西堡生态森林公园建设，全面完成天然林、"三北"防护林、公益林、南北山三期绿化等林业重点工程造林任务，将城市森林覆盖率提升到35.1%，城市建成区绿地覆盖率保持在40.5%，人均公园绿地面积达到12.5m^2，并建成总长600km的城市、城郊、市域三级绿道系统，在西北五省省会城市中成为唯一获得"国家园林城市"和"国家森林城市"双荣誉的省会城市。

"河湖清"行动：自2016年绿色发展样板城市目标提出以来，西宁已先后完成河道治理110.1km，治理小流域144条，治理水土流失面积1264.9km^2，让西宁中心城区重现"流畅、水清、岸绿、景美"的自然风光。湟水流域（西宁段）水环境综合治理成功入选国家第一批流域水环境综合治理与可持续发展试点，城市黑臭水体得到100%消除，饮用水水源水质优良率达到100%。至2020年，西宁已初步形成了由海湖湿地、宁湖湿地、北川湿地公园组成的508.7ha湟水国家湿地公园体系，并在2018年荣获了全国水生态文明城市称号。

"西宁蓝"行动：西宁市建立网格化大气环境监管体系，落实文明施工"10个100%"。主城区煤改气在北方城市率先清零，黄标车淘汰走在全国前列，主要污染物总量减排目标超额完成，空气质量得到逐年改善，空气优良率从2015年的77.5%上升到2019年的86%，连续五年在西北省会城市中排名第一，"好空气"已成为新时代幸福西宁的"标配"。

此外，西宁的海绵城市建设卓有成效。

2015年，西宁成为我国"海绵城市"建设试点，相继对中心城区的文化公园、人民公园、海湖湿地公园、北山美丽园、西宁植物园、西宁动物园以及南北山其他山体开展了海绵工程建设。西宁积极探索半干旱缺水型海绵城市建设的"西宁模式"，完成21.6km^{2}海绵城市试点区建设。

表1-2　西宁南北山绿化工程时间统计

序号	年份	南北两山绿化工程过程
1	1989年	南北山绿化指挥部成立
2	1989年	南北山一期绿化工程启动
3	2001年	南北山一期绿化工程结束
4	2002年	南山指挥部成立
5	2002年	南北山二期绿化工程启动
6	2005年	大南山一期绿化启动
7	2007年	南北山指挥部成立
8	2008年	大南山一期工程结束
9	2009年	大南山二期工程启动
10	2013年	大南山二期工程结束
11	2015年	南北山三期绿化工程启动
12	2018年	南北山三期工程完成

图1-7　西宁市北山绿化现状实景图（西宁林草局提供）

（3）初步建立绿色发展制度框架

西宁坚持以创新的思维方式和体制机制，推动全市经济社会发展全方位、全要素、全周期地与自然环境有机融合。坚持完善党委统一领导的绿色发展机制，成立全国唯一一家地方党委专门负责协调推动绿色发展的职能

图1-8　西宁市南北山"四边"绿化实景图（西宁林草局提供）

部门——市委绿色发展委员会，明确并发挥其"研究所""召集人""护绿员""督战队"职能，建立发改、财政、工信、规建、城管等多部门有机兼容、激励相容的工作机制。同时，西宁市制定出台全国首部绿色发展方面地方性法规《西宁市建设绿色发展样板城市促进条例》，开展绿色发展符合性评价工作，切实守好绿色决策的"最先一公里"。出台《西宁市南川河流域水环境生态补偿方案》，在全国率先构建县区级横向补偿为主的水量、水质一体式生态补偿机制，出台《西宁市森林生态效益分类分档补偿试点方案》，在大通县鹞沟流域开展森林生态效益分类分档补偿试点，打通了林地管护的"最后一公里"，探索建立湟水河流域（西宁段）生态补偿制度，生态补偿机制改革走在全国前列，制定实施《西宁市在若干领域试行生态标签制度工作方案》，促进企业绿色生产，引导公众绿色消费[1]。

2. 新时代西宁城市生态文明建设诉求

随着青海省生态文明建设工作的推进，青海省作为"中华水塔"的生态重要作用日益突出。在国际国内双循环和新西部大开发的背景下，青海省以生态立省作为全省战略，提出全力打造国家公园示范省、清洁能源示范省、绿色有机农畜产品示范省、高原美丽城镇示范省、民族团结进步示范省等"五个示范省"目标。在2021年全国两会青海代表团座谈会上，国家领导人

1　中共西宁市委绿色发展委员会，《光明日报》（2020年08月04日06版）

提出要结合青海优势和资源,加快建设"世界级盐湖产业基地、国家清洁能源产业高地、绿色有机农畜产品输出地、国际生态旅游目的地,打造绿色低碳循环发展经济体系和本地特色的现代化经济体系"的要求,为青海和西宁的发展指明了路径。

　　西宁作为青海省省会城市,在青海省"生态立省"战略和"四地两体系"的战略要求下,需要发挥带动全省生态文明建设和绿色高质量发展的示范引领作用。充分立足国土空间规划新时期,统筹山水林田湖草生命共同体的重大要求,紧紧围绕着生态环境改善、人居品质提升的工作目标,以"生态修复+"为抓手应对工作面临的新机遇与新挑战。

图1-9　西宁市湟水林场实景照片(西宁市林草局提供)

西宁自2016年实施绿色发展样板城市以来，围绕着生态环境改善，生态本底夯实下功夫，通过持续推进南北山绿化修复工程，实施"高原绿、河湖清、西宁蓝"等一系列行动，在局部地区取得了较好的成效，但依旧存在着需要修复治理的地方。

目前，西宁的生态环境品质依旧有着很大的可优化提升的潜力空间，需要通过"生态修复+"的方式对山体、水体和城市公园绿地等区域进行修复治理。通过遥感卫星解译分析得知，西宁市中心城区南北两山区域依旧存在着水土流失中高风险区超过200km²，存在着近50km²的裸露山体区，以及近20条需要重点治理修复的山洪沟道。同时，西宁是典型的高原高寒半干旱气候，历来属于缺水型城市，在西宁提出的"一城双环四网"水系格局目标下，"引大济湟"和"引黄济宁"等重大调水工程尚未完成，中心城区内部存在着水体污染和河渠联通不足等问题，公园绿地存在着大型绿地居多而小微绿地不足等现实困境，市民对绿色空间的需求尚未得到充分满足。

为进一步提升西宁高原河谷城市生态环境质量，满足广大市民日益增长的对生态品质的诉求，西宁市在2021年1月印发了《国民经济和社会发展第十四个五年规划和二〇三五年远景目标》成果，重点聚焦生态、绿色和高质量发展等关键词，将生态文明建设作为城市未来发展持续落实的核心战略方向，奋力建设新时代生态文明典范城市，积极推进高原"绿谷"城市和高原"洁净"城市建设。坚持山水林田湖草沙一体化保护和系统治理，因地制宜开展大规模国土绿化行动，通过南北山持续绿化工程建设、海绵工程建设、湿地公园体系打造等一系列行动，践行"尊重自然，顺应自然，保护自然"以及"绿水青山就是金山银山"的生态文明理念。

Chapter II
Connotation and Development

第二章

内涵与发展

　　生态修复是人类社会进入工业文明之后，为恢复被破坏的山体、河流、湿地、植被、土壤等自然生态环境，而采取的一系列生物的、物理的、化学的工程技术和方法。

　　国外发达国家在19世纪工业革命早期就开始对采矿后破损的废旧矿山进行简单治理，随着工业化的普及和城市化的快速发展，民众对美好生态环境的需求变得迫切起来。此后，以景观生态学、地理学、生物学为理论基础的生态恢复理论和实践不断发展，国外发达国家在破损山体治理、污染水体治理、污染土壤治理等领域进行了多年探索，在法律政策、修复技术、监督管理等多个环节积累了成熟经验。

　　管中窥豹，本书通过系统梳理国外生态修复发展历程，借鉴他山之石经验，同步梳理国内生态修复发展历程和面临的问题，为新时期更好完成生态修复工作提出展望。

第一节　生态修复的概念与内涵

一、生态修复概念

　　国外关于生态修复的概念最早由美国的Leppold等人在1935年提出[1]，Leppold等人通过对威斯康星河沙滩附近的废弃地块进行植被种植，以恢复原有生态环境为目标，将废弃的土地恢复到被破坏前的植被状态，并由此打造了威斯康星大学校园景观系统。

　　到20世纪80年代，随着恢复生态学作为生态学的分支学科得到确立（Aber，Jordan，1985），生态修复的理论建设也逐渐趋于成熟。Cairns（1980）等人在《受损生态系统的恢复过程》中对生态恢复的概念做了系统阐述，认为生态恢复是通过人工管理手段，将破损的生态系统恢复到接近其破损前的自然状态，包含了生态系统相近的信息传递、能量积累、物质转换等过程[2]。

　　1987年，国际恢复生态学会（Society for Ecological Restoration，SER）先后三次对生态修复的定义做了阐述，最终在1995年确定了生态修复的定义：生态修复是帮助研究生态整合性的恢复和管理过程的科学，生态整合性包括生物多样性、生态过程和结构、区域及历史状况、可持续的社会实践等广泛领域[3]。

国内关于生态修复的研究始于建国初期，最初是以研究土地和土壤退化为主，主要针对水土流失、草场退化等对农林牧业的危害进行治理[4]。余作岳等（1959）通过对广东热带沿海侵蚀台地退化生态系统的植被恢复进行研究，提出一系列植被恢复机制和技术方法。马世骏等（20世纪70-80年代）认为生态恢复是一项系统工程。到20世纪90年代，多位学者在生态学原理基础上不断丰富和完善生态修复的理论和定义（章家恩，徐琪[5-6]，1997；赵晓英，孙成权[5]，1998；李永庚，蒋高明[7]，2004）。

进入21世纪初期，多个生态修复工程建设为生态恢复理论提供了实践基础，彭少麟等人（2003）将生态恢复分解为重建（Re-habilitation）、改良（Reclamation）、改进（Enhancement）、修补（Remedy）、更新（Renewal）和再植（Re-vegetation）六大内容[8]。

此后，《生态恢复的原理与实践》（李洪远，2005）、《生态恢复关键技术研究》（李建，2008）、《生态恢复工程案例解析》（胡进耀，2017）等一系列关于生态修复的理论著作相继出版，系统阐述了生态修复的原理、关键技术和工程案例示范等内容，进一步拓展了生态修复的应用范畴。自2018年自然资源部成立进入国土空间规划时期后，以浙江大学吴次芳、肖武等为代表的学者从国土空间规划的视角，进一步阐明了生态修复的时代内涵，并出版《国土空间生态修复》等学术著作。

总体而言，生态修复是工业文明发展到一定阶段后，针对工业发展造成环境破坏而建立的一门新的理论和实践体系。在学科理论发展和实践探索领域，德国、美国、英国等国外发达国家先行一步，已初步形成了较为完善的生态修复学科理论和实践体系，在受损山体修复、工业废弃地修复、污染水体修复、湿地修复等层面积累了丰富的经验。

目前，我国尚处于社会主义发展建设阶段，与生态修复相关的实践和理论探索仍在不断完善中，为此，我们需要充分立足自身现状，有针对性地借鉴国外生态修复建设经验，构建系统的生态修复工作体制。

二、破损山体与生态修复

自然山川与河流一样，都是滋养人类义明发展的重要载体。

早在我国春秋时期《管子》一书中，就有着营造城池利用山川河流地形的记载："凡立国都，非于大山之下，必于广川之上，高勿近阜而水用足，低勿近水而沟防省。因天材，就地利，故城郭不必中规矩，道路下必中准绳"，表明古人在城市选址过程中，就十分注重与自然山川河流的关系，避免在对自然山体的利用过程中产生破坏。

破损山体实质上是人为活动或自然灾害造成自然山地的地形、地貌和植被的突变，形成以裸露边坡为主体的特殊水土流失形态[9]。其概念定义上有狭义和广义之分，狭义上，破损山体指的是人类开发建设对自然山体原有地质结构、山体形态、植被群落等造成的破坏，包括采矿挖石、修路、采砂等人类活动形成的边坡裸露、植被砍伐、水土流失等。广义上，破损山体包括人为破坏和自然受损两类，除了人类建造活动的破坏外，还包括常年受雨水风沙侵蚀、太阳直射等活动引发的山体区域滑坡、崩塌、泥石流等地质灾害，地质灾害带来的受损山体更多以裸露边坡形式出现，不可控因素较多。

全球的主要矿产资源国家都曾经历或正在面临着矿产资源开采后破损山体修复的问题。

国外发达国家在率先进入工业化社会之后，在受损山体生态治理方面先行一步，积累了先进理念和丰富实践[10-11]。例如美国在20世纪初就开展了印第安纳州的破损山体生态修复治理试验，并取得初步效果。20世纪30年代，德国针对矿山开采遗留的废旧矿区探索多种乔木混交种植的修复，初步尝试构建简单的生态系统功能。到了20世纪70年代，英美等国对废旧矿山的生态修复治理率已达到70%以上，德国也制定了针对矿山治理和修复的法律法规（梁留科，常江等[12]，2002），并从空间规划上对矿山开采造成的受损山体修复做出规定。此外，澳大利亚、法国、日本等国家和地区也都进行了受损山体生态修复的实践和探索（陈波，包志毅[13]，2003；杨庆贺，2012；张绍良等[14]，2018）。

我国针对受损山体的研究和实践主要集中在矿山开采后对受损山体的修复治理，关注受损山体生态修复技术领域的探索（张俊云，周德培等[15]，2001）。由于我国领土幅员辽阔，各地区气候环境差异较大，南北地区在受损山体治理中面临的问题多样，因此探索出多类型的受损山体修复模式和方法。丰赡等人（2008）通过生态恢复学理论对武汉市破损山体复绿进行探讨[16]，杨剑等（2014）对汶川地震灾区的唐家山堰塞湖地区破损山体修复研究[17]，魏彤云等（2014）对武汉市凤凰山破损山体进行排灌、土方、绿化综合治理的生态修复尝试[18]。进入21世纪后，针对山体修复治理的领域逐步扩大，在废旧矿山治理、林地植被恢复、裸露山体治理、边坡防护等领域展开，取得了较为丰富的经验积累。

第二节 德国空间规划体系下的生态修复实践

德国全域面积24万km²，生态发展、生态保护与修复的理念得到政府和民众的普遍认同，通过系统的国土空间规划治理，德国在自然资源保护利用和城市可持续发展上取得了突出成效。

作为工业文明极度发达的现代化强国，德国在"二战"之后创造了举世瞩目的经济奇迹，但在工业化和城市化进程中也经历过城市扩张带来的各种环境污染问题。以鲁尔工业区为代表的大型工业产业园区，大量开挖矿山、破坏植被、排污入河等行为造成了大面积的环境污染破坏[19]。

随着经济的进一步发展，德国民众对美好生态环境的需求日益迫切，德国政府开始着手开展废弃矿山治理、工业废弃地治理、河流污染治理和土壤污染治理等生态修复工程，取得了丰富的成效和经验。同时，德国制定了从"联邦政府—州—地区—市镇"四个层级的国土空间规划体系，并在法律政策、空间规划、地块治理三个层面形成了一套较为完善的生态修复机制。

一、德国生态修复历程

德国的生态修复实践由来已久，在18世纪的土地租赁合同中就有关于采矿区土地修复的记载，到20世纪初期，德国生态修复的体制建设逐步成形，并随着德国政治形势的变动而具有时代特色。具体而言，可以总结归纳为三个阶段：地块治理阶段、立法与空间规划阶段、生态系统重构阶段。

（一）地块治理阶段（20世纪初期—1945年）

20世纪初期是德国工业快速发展的时期，城市建设和社会发展迅速，对矿产资源需求逐步加大，各类矿产资源开采后遗留下了众多受损山体。

这一阶段德国的生态修复工作重点是针对矿区开采后破损的山体，最早关于地块治理的记录发生在1766年，明确要求通过人工植树造林的方式对矿山开采后的地块进行治理。并在单一树种造林的基础上，德国开始探索多种乔木混交种植的方式，初步尝试构建简单的生态系统功能。此时的生态修复工作并无系统治理目标，而是侧重于环境美化治理，附带简单的生态功能维护。

（二）立法与空间规划阶段（1945—1990年）

"二战"之后，德国（西德）在百废待兴的国土上迎来了经济的快速发展，对矿产资源和土地资源的需求急剧增加。快速的工业复兴带来了森林减少、地表植被和土地破坏、水体和大气污染等各种生态环境问题，政府开始探索通过立法的途径解决生态修复治理问题。

20世纪50年代，德国北莱茵州就褐煤矿区的开采整治颁布了专门法律——《莱茵褐煤矿区总体规划法》[10]。随后，《联邦空间规划法》（1965年）、《联邦自然保护法》（1976年）相继颁布实施，建立了联邦、州、地区、市镇四个层级的空间规划和景观规划编制体系，对生态保护与恢复的原则和目标进行了规定。

到了20世纪80年代，为加强矿产资源开发管理和采矿后矿区环境修复，《联邦矿业法》正式颁布，在其第四章"环境管理实践"中明确提出对采矿生产中的废水、废石处理以及闭矿计划、闭矿后矿坑处理和矿区修复。

此外，针对工业废弃地、水体治理、土地整治、矿山复垦等生态环境修复的法律相继出台，逐步形成一套完整的生态修复法律体系。

（三）生态系统重构阶段（1990年至今）

1990年，东德（民主德国）与西德（联邦德国）合并，实现两德统一，统一后德国对生态系统完整性的意识逐渐增强，生态修复的目标也相应发生变化，国土空间生态修复进入生态系统重构时期。

生态系统重构不仅是将破损的景观恢复到原有状态，更是要综合生态、经济、社会和人类活动的需求，使重构的生态系统在多个方面重现甚至优于破损前的状况，并具有生态功能以外的游憩、休闲、科普、文化等综合功能。

德国《矿产资源法》对矿区生态系统重构做出明确定义："矿区生态系统重构是指在兼顾公众利益的前提下，对采矿占用、破坏、损害的区域采取系统治理，使矿区土地符合可持续发展的要求。"

以《联邦空间规划法》和《联邦自然保护法》等法律法规为依据，德国联邦、各州、地区和市镇在三个方面进行了生态系统重构的探索：一是完善生态环境保护相关法律体系，树立生态环境保护优先的目标，如2002年修订完善的《联邦自然保护法》中明确国土景观规划的目标是"所有地表空间内的景观与自然环境都应受到保护、维护和开发"[20]；二是通过空间规划和景观规划的编制，建立了多种类型的自然保护区域，实现整个国土空间资源的可持续利用；三是加强地块的系统修复治理，强调重构生物多样性和再现地方活力。

除法律政策规定外，德国对生态系统重构还制定了严格的质量验收审核和环保规定，如对露天采矿的矿排土场要求必须覆盖100cm以上的土壤；对开挖的表层土壤和深层土壤规定需进行分类堆放；采矿中抽取的矿脉水体需进行湿地净化处理，不得直接排入市政管网或河流水体；矿产开采区范围的地下水位要达到一定要求；矿山修复为人工湖公园的由矿山开采单位负责100年管理等。

在历经多年地块修复治理、法律法规体系完善和生态系统重构建设后，德国全域境内生态环境得到明显改善，生态系统的功能服务价值得到全面提升。联邦政府配套制定了生态补偿、生态平衡和生态税收机制，对居住区景观维护、生态农业发展、工业发展等不同类型的生态补偿做出规定。此外，作为联邦制国家，德国在各类环保规划中，十分重视公众参与和民主决策，进一步保证了民众对生态系统的需求意愿得到满足。

二、德国生态修复体制建设内容

德国生态修复没有专项的法律法规和专项规划成果，而是将生态修复的内容融入到各级政策法律、空间规划及地块治理中，形成一套从"宏观政策指导、中观规划目标要求、微观地块治理实施"闭环的生态修复体制。

（一）政策层面

德国关于国土生态修复相关的政策法律共有三个体系，分别是矿产资源开采法律体系、空间规划与景观规划法律体系、国家能源政策及各种环保法律体系（图2-1）。

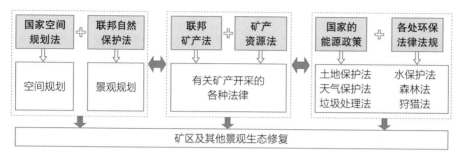

图2-1　德国生态修复法律架构（王小兵 绘）

1. 矿产资源开采法律体系

矿产资源作为德国工业腾飞的关键，其开发与保护历来受到德国政府的重视。通过《联邦矿产法》《矿产资源法》及各州矿区总体规划法等法律法规，构成采矿完成后进行生态恢复治理的法律保障。

其中，《联邦矿产法》明确提出在采矿活动完成后，需要对矿区生态环境进行重建，取得采矿资格的采矿企业要对勘探、开采以及矿区重建进行全流程负责。并用法律形式规定，采矿企业有编制采矿规划的责任，其规划中需含有矿区生态修复的内容。

《矿产资源法》中明确了矿区生态系统重构的主要目标，规定矿区生态系统重构与矿产勘探、采掘、开发等各类活动一同作为采矿活动的一部分。

2. 空间规划与景观规划法律体系

空间规划与景观规划法律体系主要包括《联邦空间规划法》和《联邦自然保护法》，也是德国联邦和各州政府制定空间规划法规、自然保护法规体系的依据。

《联邦空间规划法》中明确提出"社会和发展对空间的需要与国土空间的生态功能相协调，形成长期的、国土空间范围的平衡，保证国土空间的可持续发展"[21]，在联邦政府层面编制联邦空间发展报告，确立空间规划总体框架，以指导各州（地区）的生态空间保护原则和目标；在16个联邦州的空间规划法规中，对空间规划的基本内容、编制主体、审批主体、规划方法和程序等做了规定，并进一步明确了各州的生态修复内容与目标。

《联邦自然保护法》则依托联邦和州两级自然保护法律体系，编制各州景观规划、田园保护方案和田园框架规划，对自然系统的保护、生态承载力、自然资源的修复再利用等内容进行具体规定。同时，《联邦空间规划法》也明确了空间规划可以直接取代田园保护方案或者田园框架规划。

3. 国家能源政策及各种环保法律体系

在明确规划体系和矿产治理的基础上，德国政府还建立了完善的国家能源政策，秉承了"谁污染谁治理"的原则。针对土地、水资源、大气、森林、垃圾处理和生物多样性等领域建立了配套完善的各类环保法律法规，如《土壤保护法》《生态农业法》《水环境保护法》《植物保护法》《垃圾处理法》《可再生能源法》等，对各类自然资源区域的利用、保护、修复、重建做出规定。

（二）空间规划层面

在空间规划层面，生态修复并未作为专项规划类型进行编制，而是列入联邦、州、区域、市镇的四级空间规划、景观规划[22]、建设规划等内容中（表2-1）。

1. 空间规划与生态修复

空间规划体系中，德国政府依据《联邦空间规划法》制定了联邦、州、地区、市镇四个层级的空间规划编制体系，生态修复与保护的内容在各个层级的规划中均有涉及，但侧重点不同。

其中，联邦层面通过制定联邦空间秩序规划，提出空间可持续发展的指导思想和原则，要求联邦各州在发展经济的同时要注重构建符合空间的

表2-1　德国各行政层级间涉及生态修复的规划及相对应的政策法规表

行政层级	景观规划	国土空间规划	建设规划	
联邦 Federal	《联邦自然保护法》（Federal Nature Preservation Act）	《联邦空间规划法》 联邦空间秩序规划（Federal Comprehensive Plan）	—	
州 State	《州自然保护法》（State Nature Preservation Act） 州景观规划（Landscape Program）	《州空间规划法》（State Comprehensive Planning Act） 州空间规划（State Comprehensive Plan）	—	
地区 County	区域景观规划（Regional Landscape Plan）	区域空间规划（Regional Comprehensive Program）	—	
市镇 Municipality	景观规划（Landscape Plan）	市镇总体规划（Master Plan）	《建设法典》	
			土地利用规划（F-plan）	建造规划（B-plan）

生态功能，保护和改善自然生态环境，从宏观上明确了生态修复的原则和方向。

在16个联邦州空间规划中，则依据各州面临的不同生态环境问题，有侧重地编制空间规划成果，如勃兰登堡州空间规划就明确了褐煤的开采、矿区治理与修复的原则、目标和要求等内容。

地区规划作为介于联邦州与市镇之间的规划类型，重点协调地区之间重要项目、生态平衡与保护等内容，对生态敏感地段的生态修复问题提出修复目标、措施和要求。

市镇层面主要编制市镇建设指导规划，落实联邦空间秩序规划、州空间规划、地区规划的发展目标和要求，将生态修复的目标进一步细化和具体化。

2. 景观规划与生态修复

德国景观规划作为《联邦自然保护法》中用于实现环境保护与可持续发展的工具[12]，明确提出保护、维护和发展的生态环境保护规划内容，对地区采矿、废物及废水利用等土地需求和地块恢复做了规定。作为衔接空间规划与地方建设规划的桥梁，德国景观规划中重点对生物多样性、生态承载力、生态修复与再利用、景观体验等方面做了全面补充，为联邦、州、地区、市镇四个层级的空间规划编制和实施提供参考依据[23]。

3. 建设规划与生态修复

建设规划主要依托《建设法典》进行编制，最新修订的《建设法典》将环境鉴定与环境报告纳入德国规划法定编制程序[24]，为生态修复的落地实施提供了法律依据。依据《建设法典》编制生态修复相关措施和工程主要在市镇层面，具体为土地利用规划（F-plan）和建造规划（B-plan）。其中，土地利用规划（F-plan）明确了具体地块的用途和发展要求，如生态修复范围、规模及用途转换的要求；建造规划（B-plan）则对具体地块的发展目标进行详细深入的规划设计，包括地块生态修复的详细规划阶段和修复工程等。

（三）地块修复层面

地块修复是生态修复实施的主体。德国对矿产资源开采利用已有200多年历史，丰富的矿产资源造就了鲁尔工业区、萨尔工业区、纽伦堡工业区等众多大型工业园区，因此遗留了大量需要修复的破碎地表斑块。在废旧矿区、工业废弃地、污染土壤、污染水体、破损森林等地块层面，德国多年来已形成了成熟的修复理念并积累了丰富的实践经验。

1. 废旧矿区修复

废旧矿区修复具体包括废旧矿坑的治理、矿坑水体恢复、矿山植被恢复、山体风貌恢复等内容，根据德国弗赖堡大学Klapperich Wolf教授对矿区地块修复的研究，将其归纳为五个环节[25]，具体包括：

（1）矿区生态环境评估与组织建设：成立由企业、社会协会、环保组织等利益相关体组成的机构，对矿区生态环境进行问题评估；

（2）主矿区生态修复：通过建立采样点，对矿区资源价值、水体净化系统、土壤修复、环境检测等内容进行评估规划，提出初步修复方案；

（3）矿产资源辐射区域的生态修复：与主矿区生态修复内容相同；

（4）矿区的修复、复垦与再利用：根据矿区资源特点，结合区域规划土地用途进行植被恢复、土地复垦或再利用；

（5）功能营造：对矿区修复后的环境进行检测评估，通过公众参与等方式对矿区改造再利用规划进行讨论，做出规划方案。

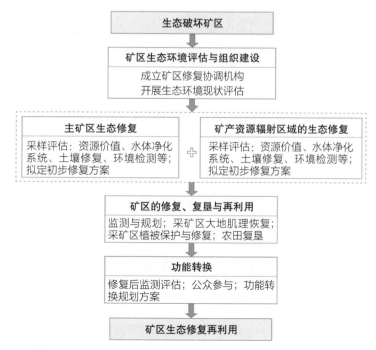

图2-2 德国矿区地块生态修复规划流程图（王小兵 绘）

2. 工业废弃地修复

工业废弃地修复是德国地块生态修复的另一大类型。

20世纪90年代，德国受科技进步和全球一体化的影响进入后工业化时代，原有大型工业园区和工矿企业用地面临废弃，产业结构的升级转型倒逼工业废弃地块开展生态修复和再利用，其中较为成熟的实践来自鲁尔工业园区。

在德国鲁尔工业区及萨尔州现存总量约160km²的工业废弃地，经过政府统筹规划，已对其中约11km²土地进行了开发利用，并对约10km²工业废弃地进行生态修复评估[26]。进入21世纪后，随着德国城市供地规模的下降，工业废弃地开逐渐成为新的城市建设开发类型，对工业废弃地的景观改造再利用成为工业废弃地生态修复的重要动力[27]。

通过制定"政治计划""21世纪地方议程"和"创新项目"三大可持续发展战略[28]，鲁尔工业区实现了区域、城市、地方三个层级的生态修复目标。

在区域层级，鲁尔工业区废弃地修复以建设大型工业遗产公园为目标，将多个污染废弃地块进行系统生态治理，改善地块土壤、水体、景观环境，植入新的创意创新产业，实现区域的活力复兴。在城市层级，鲁尔工业区先后共制定了3个"盖尔森基兴LA21"项目，以基础设施更新升级为目标，结合地块生态修复治理，系统提升城市基础设施能力。在地方层级，鲁尔工业区以构建生态和绿色循环创新项目为目标，对工业废弃地块进行综合规划评估，在完成地块修复和生态功能重建后植入生态绿色创新项目。

工业废弃地生态修复的工程体系复杂，涉及污染水体、污染土壤、破损植被、垃圾填埋等多类型要素，其地块生态修复经验在德国国土空间具有推广和复制意义。因此，德国其他区域针对水体、林地、土壤、物种保护等地块的生态修复路径和方法，与矿区和工业废弃地修复具有紧密联系，可以看作一个综合修复工程系统。

3. 土壤污染修复

土壤污染修复是地块治理的最基础类型之一，德国政府向来重视土壤污染法律体系框架的构建，联邦和各州政府涉及土壤污染的法律法规主要有《联邦土壤保护法》《联邦土壤污染保护法》《联邦土壤保护与污染地条例》《建设条例》和各州制定的州一级土壤污染防治条例规范[29-30]。

德国土壤污染修复有一套严谨、细致、科学的修复和监管流程。

首先，德国在全境范围内开展国土土壤质量监测。德国各州范围内共设置了800多个土壤监测点，由联邦和各州的土壤污染调查专项小组对土壤的物理、化学、生物属性和各类有害物质进行监测，并根据土壤所在地的土地利用性质进行土壤发展趋势预判，以便动态掌握土壤污染变化信息。

其次，排查土壤污染地和建立数据库。通过动态监测及时了解国土土壤污染情况后，对有土壤污染趋势的地块进行登记备案，由土壤污染调查专项小组组织调查，确定土壤潜在污染源、污染类型、污染物浓度和污染地块面积等信息，综合评判土壤污染可能会对周边环境、气候、地下水、生物活动、人类活动等带来的危害，并通过软件进行情景模拟分析，制定较为合适的土壤污染治理方案。同时，每个疑似污染地块的详细分析结果最终会由土壤污染调查专项小组汇总，形成德国国土土壤污染数据库，以供各州土壤保护部门和各环保组织共同使用。

最后，治理与修复土壤地块。根据土壤污染风险评估，德国土壤污染主要有三种治理模式：一是污染源净化处理，即将污染土壤直接挖填转移；二是隔离处理，即采用物理隔离的方式将有污染的土壤进行封闭处理，在其上填埋新鲜健康的土壤；三是限制与恢复，通过划定隔离区域，限定周边人群的接近，由土壤的物理、生物机能自行修复。三种处理方式各有侧重，可以根据土壤污染情况进行综合使用。

图2-3　德国埃森关税同盟煤矿工业区

其中，通过物理、生物组合方式进行污染源净化处理是较为常用的手段。在确定土壤污染的类型、面积和深度后，通过客土置换处理方式将污染地块进行异地转移集中堆放，对集中堆放的土壤铺设塑料加以密封，根据污染类型进行燃烧处理或集中降解处理。而在原地腾挪污染土壤后的地块上，填埋从别处采集的健康土壤并对填埋后土壤进行一段时间监测，确保土壤各项指标正常后，再进行生物绿化种

图2-4　德国北杜伊斯堡景观公园

植。改造后的地块可以用作公园绿地建设，或规划设计为物流园等其他用地类型。

第三节　美国生态修复体制建设与实践

美国早在19世纪后半叶就正式迈入了工业化时代，在城市化快速发展的过程中也经历了生态环境退化、环境问题频发的阶段。在20世纪初期，为应对城市生态环境的日益衰败，美国开始了生态环境修复的早期探索和实践，重点对废弃矿山、流域水环境开展修复治理。由于起步较早，美国在生态修复领域积累了较为丰富的经验，在生态修复理念、政策法规、监管实施、工程技术等层面对我国开展生态修复经验都有较好的参考和借鉴意义。

一、美国生态修复历程

煤矿业和冶炼业是美国联邦政府早期工业发展的支柱产业，在支撑国家经济高速发展的过程中具有不可替代的作用。但煤矿和冶炼行业属于资源高依赖行业，而在早期开采过程中缺乏生态环境意识，造成了美国土地资源的严重污染和破坏。自20世纪30年代开始，美国开始探索对破损的矿山生态环境进行生态修复。

（一）萌芽阶段（20世纪30—60年代）

美国的Leopold开始了世上最早的生态修复实验，他于1935年在美国威斯康星大学的植物园恢复了一个24ha的草场[31]。而后，美国对西部矿产集中开采区进行实地生态修复探索，通过以植被恢复为主的方式迅速推进对矿区生态环境的修复工作，为此美国还专门制定了与矿区土地复垦相关的法律。由于美国地广人稀，人地矛盾并不突出，废旧矿山生态修复后的土地通常以自然景观的重塑为主，矿区生态修复工作重点聚焦于土壤修复、水体修复、植被修复三个方面。这一阶段是美国生态修复的萌芽阶段，城市生态修复也多以单个废弃地块或水土流失等单项工程为主。

（二）形成阶段（20世纪70—80年代）

1970年代之后，美国的生态环境修复围绕森林、草地、流域、矿区、湿地以及污染场地等进行了更为广阔的实践探索。20世纪80年代，诞生了"恢复生态学"理论，从理论和实践两方面共同推进生态系统退化、恢复、开发和保护等工作。

（三）融合发展阶段（20世纪90年代—至今）

20世纪90年代以后，美国生态修复对象更加多元，涉及城市、农田、河流等多种类型，并在探索退化原因、修复重建机理、模式和技术上进展迅速。1997年，在美国生态学会年会上提出的"恢复生态学"理念成为生态学五大优先关注的领域之一，生态修复的理论研究和实践得以迅速展开。

二、美国山体生态修复体制建设内容

美国山体生态修复多聚焦于废旧矿山的修复治理。由于工业机械化的普及推广，大规模矿产资源开采对矿山周边自然山体生态环境造成了较为严重的破坏，而生态环境损害并未纳入立法层面，传统法律责任形式无法实现有效的环境救济。因此，从20世纪30年代开始，美国就围绕采矿后的废旧矿区开展一系列土地修复工作，并制定和强制执行相关的法令法规。

（一）《露天矿管理及生态修复法》

1975年，全美已有34个州先后各自制定了本州的露天煤矿开采法规[33]，并不断修正完善。但由于各州法规制定的标准、深度、控制内容等要求不尽相同，对降低煤矿开采带来的环境影响并不理想。1977年8月，美国联邦政府正式签署颁布了标准更为统一的全国性露天煤矿开采法规——《露天矿管理及生态修复法》(Surface Mining Control and Reclamation Act，简称SMCRA)。

SMCRA是美国土地复垦史上一个划时代的法规，该法规包括两大内容：一是关于在采煤矿的环境保护，另一部分是关于废弃煤矿的生态恢复。依据该法规，历史遗留采矿区的生态修复工作由联邦和州级政府负责，在采矿区的生态修复工作由采矿企业负责。美国内务部设立了露天开采管理办公室，负责颁布法规、管理生态修复基金，各州政府也设置不同的管理部门，SMCRA的主要内容包括6个方面：

1. 制定标准

联邦政府制定详细的生态修复标准，各州在此基础上依据各州实际情况制定更为可行的地方标准，标准内容涵盖土壤修复、植物种类修复、生物栖息环境修复等。

2. 颁发开采许可证

企业在开采前需要获得矿业开采许可证，并且按照标准要求编制矿山生态修复计划，包括开采前和恢复后的土地利用方式以及恢复效果，生态修复计划通过审批后方能进行矿山开采工作。

3. 管理保证金

采矿企业要预先缴纳足够数额的生态修复保证金，以确保开采后即便企业倒闭或由于其他原因导致没有执行矿山生态恢复工作时，也有足够资金用于生态修复。

4. 建立基金

建立矿山废弃地恢复基金，用于开展法规颁布之前的矿山废弃地修复。1990年，SMCRA法规做出调整，在矿区废弃地修复也可以使用恢复基金。基金的主要来源是采煤税，其中露天矿35美分/t，地下矿15美分/t，褐煤10美分/t[33]。

5. 监督法规的执行

SMCRA授权政府执法人员，检查各地煤矿开采情况。执法人员可以对违反SMCRA和类似法规的采矿企业进行处罚。处罚手段包括对企业进行罚款，要求其限期整改，情节严重者可责令其关停。

6. 土地管制

SMCRA法规规定，在自然保护地内（如黄石国家公园）严禁进行露天开采，并鼓励公民对采矿引发的生态环境危害提出质疑。

除上述6大内容外，《露天矿管理及生态修复法》（SMCRA）也对矿山生态修复工作的具体流程做出明确要求，主要包括8个步骤：

（1）明晰矿山土地所有权属。负责矿山生态修复的主体需在矿山生态修复工作开展前与土地所有者明确土地权属，在土地所有者填写准入许可后方可实施矿山生态修复工作。

（2）开展野生动植物调查。邀请有关专家鉴定项目修复区内野生动植物情况，重点明确是否有稀有濒危植物和濒危野生动物。

（3）环境影响评价或者其他许可。由相关政府部门对矿山生态修复项目进行环境影响评估。

（4）开展生态恢复设计。此项为矿山生态修复的核心工作内容，在汇总各项规章制度和审批文件的基础上，技术人员制定生态修复计划和施工设计，并编写《生态恢复项目手册》，设计成果内容包括说明书、图纸、投标文本等。

（5）开展公众讨论。通过各种媒介，如媒体、会议等方式将露天矿山生态修复计划进行公布，通过广泛征求公众的意见，进行不断完善和修改。

（6）投标和确定实施主体。矿山生态修复项目管理部门通过政府网站等向社会发放投标信息，投标单位从生态修复项目管理部门处获取《生态恢复项目手册》，项目管理单位根据其资质、投标陈述等选定并公布中标承包人，再由项目管理部门负责实施。

（7）生态修复工程施工。在确定中标承包人后，就可以开始矿山生态修复工程施工。法规明确要求在施工结束并完成验收后才可付款。

（8）培育和养护。矿山生态修复工程结束后，项目管理部门需要不定期对修复对象进行监测，对于存在修复不到位的区域责令修复主体对其进行养护和补修。

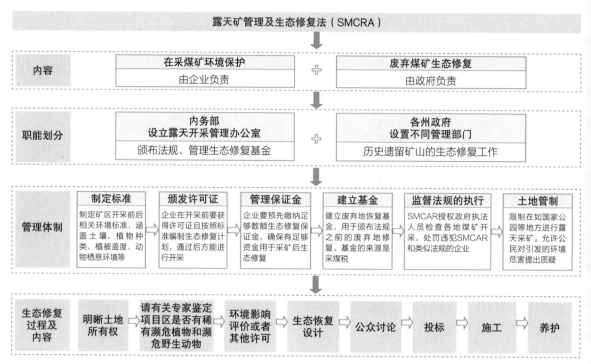

图2-5 《露天矿管理及生态修复法》内容（伍丽萍 绘）

SMCRA法规的颁布，标志着美国废旧矿山和土壤复垦工作步入法制轨道。该法确定的复垦和闭矿保证金制度展现了独特优势，但更多关注的是土地稳定性和污染治理，技术要求使得土地被过度平整，土壤被过度压实，对矿山植被繁育修复考虑不足，生态系统的服务功能很难实现。

（二）《超级基金法》

1980年，为解决采矿和其他历史遗留场地的污染问题，更好地实现对污染场地的生态修复，美国颁布了《综合环境反映、补偿及责任综合法案》（The Comprehensive Environmental Response, Compensation and Liability Act，简称CERCLA），业内通常称之为《超级基金法》。这项法案在美国联邦层面创设专项治理基金用以清理有害物质的释放，避免可能存在的场地污染威胁，明确了环境破坏责任方的责任和补偿要求，使每块受污染的土地都能追溯到责任主体并落实环境补偿金。

《超级基金法》首次建立了追溯过往的严格责任机制，并构建了较为完善的应急反应程序和资金机制，为其他国家生态环境修复提供了政策机制经验。根据美国环保局网站公布的数据，截至2015年，全美有386个污染场地从NPL（由超级基金项目资助的国家优先项目清单National Priorities List）中删除[34]。基于此法开展修复后，场地再次开发所带来的环境收益以及就业、不动产升值等社会效益更加明显。

据美国第七次全国棕色地块调查报告数据，全美有150个城市表示其成功对1578块种地进行了修复和再开发，其中80%城市创设的新增就业机会达115600个。除此之外，《超级基金法》还改善了修复场地周边居民区的居住环境，并让公民拥有解决污染问题的知情权，提高了社会整体应急避险能力。鉴于《超级基金法》所蕴含的制度成效与现实成效，其先后被多个国家借鉴和引用，成为世界各国在解决历史遗留污染场地治理领域中竞相效仿的立法先例[35]。

《超级基金法》的颁布使美国联邦土地管理更加制度化和有据可依，其主体架构包括四项机制：环境责任机制、行政授权机制、场地修复机制、资金管理机制。

1. 环境责任机制

当危险物质污染或存在污染威胁时，责任主体应当对相关行为所产生的费用承担连带的、溯及既往的严格责任。该法案将潜在责任主体予以扩张，如责任主体如果是公司法人，那么公司股东、高级管理人员、母公司等均有可能承担责任。其严厉之处除了责任主体的广泛性之外，还包括责任的连带性，如无法区分损害时，任何一方责任主体均有义务承担责任。只有在潜在责任主体不明确或无力偿还时，政府才作为主体进行治理，并且有权在生态修复后向潜在责任方追偿费用。

2. 行政授权机制

法案系统性地规定了联邦政府与各州在污染治理领域的分权与合作。根据法案规定，超级基金项目的执行机构是美国国家环保局，享有极为广泛的权利，司法部需在案件上诉法院时予以配合。同时为了制衡环保局过大的行政权限，该法案还设定了以下几项规定：①国会可以对行政指法过程进行监控，如对相应行政法规实施立法否决权、要求行政机关向国会提交定期报告等；②法院可以对超级基金项目进行司法过程审查；③社会公众同步享有对行政执法的监督权。

3. 场地修复机制

《超级基金法》对具体场地的修复设置了三项程序：①污染场地筛选程序。通过对环保局自身监测或者地方政府、企业、公众举报的污染场地进行一系列场地评估，以确定场地能否进入国家优先名录（NPL），列入NPL中的场地便是通常意义上超级基金项目优先考虑修复的场地。②潜在责任人确定程序。通过对用地权属情况的历史追踪，搜索并确定潜在的责任人后，可通过协商方式与政府达成和解，也可由环保局行使《超级基金法》赋予的"执法优先权"，或者由责任人自行开展污染场地修复。③污染场地清理程序。在确定污染场地修复的实施主体后，即可以开展修复工作，此处可根据污染场地的类型和特点的不同采取差异化的生态修复程序。

4. 资金管理机制

资金管理机制是开展污染场地修复的重要保障，也是《超级基金法》得以命名的核心原因。法案明确了生态修复资金的来源和渠道，规定生态修复资金可采用多样化的融资方式，不仅可使用来自于政府的财政拨款，也可使用来源于高污染产品的原料税、大企业的环境税、基金利息等多种途径的资金渠道。为保障资金来源的稳定，法案还规定了一系列的环境经济政策介入机制。

《超级基金法》的实施取得了巨大成效，带来了十分明显的生态效益、环境收益和社会效益。

同时，在《超级基金法》颁布实施的过程中，政府又陆续出台了一些补充法案，如《棕色地块法》（Small Business Liability Relief and

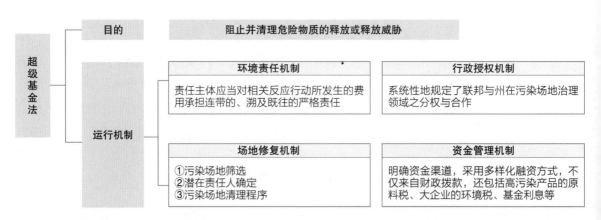

图2-6 《超级基金法》内容（伍丽萍 绘）

Brownfields Revitalization act），该法案规定了污染土地的修复目标不仅是单一的土地治理，还强调对修复土地的再利用和用途转变。又如，国家环保署（EPA）制定的《土地复兴倡议》（Land revitalization Initiative），旨在通过EPA的政治规章来协调和促进污染土地治理和再利用的有效性，排除对修复场地再利用的障碍，为城市和矿区带来具有深远意义的环境、经济和社区效益。其他诸如《资源保护和回收法》《清洁水法》《沿海湿地规划、保护和修复法》等法案对生态治理与修复的责任进行了类型上的补充，并先后开展多次修正，对水体、湿地、河流等其他类型的生态修复制度化建设做好优化和完善。

三、美国生态修复实践案例

美国自20世纪30年代开展生态修复实践以来，积累了丰富的实践成果，仅美国联邦环境保护局（U.S. Environmental Protection Agency）开展的矿山生态修复工程就有677个[36]。此外，美国废弃矿区生态恢复率也居于世界前列，根据公开资料显示，美国矿山废弃地生态恢复率可达到70%左右[37]。

（一）矿山生态修复案例——加利福尼亚峡谷硬岩矿废弃地修复

1. 项目概况

加利福尼亚峡谷硬岩采矿区位于美国科罗拉多州莱克县的莱德维尔镇（Leadville），矿山修复区面积约258ha。该矿区曾有超过130年的冶炼金、银、锌等金属的矿业开采历史，于1983年被列入国家优先名录（NPL）名单，2011年5月完成修复，主要修复对象为矿区土壤和植被生态环境。

2. 修复策略
（1）分析评估

在展开修复工作之前，修复主体先开展了较为详细的环境影响分析评估，经分析评估之后，选出最优方案进行执行。分析评估的主要内容包括四个方面：

①矿山弃土、荒地的土壤酸碱度、土壤养分和有机质含量、土壤水分状况的定量分析。

②建立数据库，通过搜索及分析，确定矿区残留污染源，以及有害化合

物的浓度。

③确定积聚有害化合物的耐受植物,并替换成本土植物。

④添加土壤肥料,确保不会导致有害金属化合物的释放或导致土壤pH值发生变化。

(2)土壤改良

通过施用无机和有机两种特色土壤改良剂,并以计算机模拟技术开展原位修复,最大限度地减少开挖和污染土壤的离场处理。土壤的无机改良剂不使用传统石灰,而是使用从一个曾经是甜菜加工厂棕地中获得的石灰来提高矿区土壤pH值,增加土壤微生物活性以促进植物生长,土壤有机改良剂的使用由家畜粪便和木材废料混合而成的堆肥。

(3)加固河岸

在进行矿区土壤改良前,将峡谷河漫滩区域的木材、原生植物以及分离出的大块岩石回收再利用,用于河岸固定和保护,并在沿河种植莎草科植物,改善鱼类的栖息环境。

(4)植被重建

选择本地乡土植被和非侵入性的耐寒草种,对68ha的矿区土壤改良区域进行重新播种,让曾经荒芜的尾矿区转变为覆盖茂盛草地的绿色山地。

(二)河流生态修复案例——洛杉矶河生态复兴

1. 项目概况

洛杉矶河全长82km,流域面积2253km²,年径流量常年发生高度动态变化,夏季经常断流,冬季山洪频发,致使河流经常改道。在洛杉矶市进行大规模开发以前,洛杉矶河漫滩内遍布沼泽,湿地资源十分丰富,是南加州少有的全年有水的河流之一。随着城市建设用地的快速扩张,洛杉矶市逐渐发展成为美国第二大城市,河流洪泛区因过度开发逐渐被蚕食,洛杉矶河沼泽湿地大面积消失,河流地表水流断流,地下水也遭到过度开采。

此外,当局政府为应对洛杉矶河雨季山洪危害,建设了多个高库容水库,还对河岸进行了混凝土衬砌的工程化改造,滨河岸线被大面积渠化、硬化,几乎将洛杉矶河全线拉直,河流水体被限制在混凝土堤岸之中快速排走。至20世纪80年代,洛杉矶河生态环境遭到严重破坏,与城市公众生活几乎完全割裂。

20世纪90年代,洛杉矶河生态修复工作正式启动[38],开启了洛杉矶河生态复兴工程，得到了联邦和州各级政府的响应与共同参与。除了河流岸线修复和河流生态系统重构之外，洛杉矶河生态复兴工程还融入了社区复兴、文化遗产保护、公共空间提升、生物栖息地修复等内容。1997-2007年间，当局政府出台了《洛杉矶河复兴总体规划》（Los Angeles River Master Plan），对洛杉矶河52公里的河段进行全面生态复兴[39]。

2. 修复策略
（1）流域尺度修复策略

洛杉矶河作为典型的流域单元，其生态修复主要目标是平衡防洪功能、生态功能和公共游憩功能之间的关系，洛杉矶河生态复兴的内容主要包括保障河道防洪需求、重构河流生态系统、打造滨河公共服务空间三个方面。

①保障河道防洪需求

保障河道防洪需求是开展洛杉矶河生态修复的前提。洛杉矶河水文常年变化剧烈，在河流洪泛区被建设占用后，发生了多次洪水灾害，如1914年、1934年和1938年的灾难性洪水，都带来了巨大雨洪灾害。洛杉矶河河道防洪重点在于保障蓄洪容量与控制河流水速两方面，蓄洪容量的提升主要采取扩宽或加深河道、建造地下箱式涵洞等方式来实现，控制河流水速则在河流生态修复工作开展的初期，就优先计算出保障河道植被稳定的理想流速，然后通过水力模型计算出所需蓄洪设施的位置和大小，以保障河道结构和植被的稳定。

②重构河流生态系统

重构河流生态系统的关键是恢复河道与湿地、小溪流、乡镇、山体等各系统的连接。《洛杉矶河复兴总体规划》中提出了生态系统重构的多种形式，首先就是恢复沼泽栖息地，恢复受威胁物种的湿地栖息环境。在生态系统重构的基础上，进一步加强河道与周边地区连接，如河流与沿岸村落的连接，又如修建滨河湿地公园、自然绿道、公共休闲设施等。

③打造滨河公共服务空间

《洛杉矶河复兴总体规划》中提出了将洛杉矶河打造为滨河娱乐公共空间和生态地区的愿景。因此，在恢复河流生态环境的过程中，洛杉矶市政府一直围绕打造更有活力和娱乐性的滨河公共空间的目标，拆除了部分河段的混凝土防洪堤，一方面进一步恢复了河岸自然形态，另一方面在沿河岸线布局骑行绿道、湿地公园、露天营地等多元公共空间，为广大市民提供更多的生态体验、健身娱乐机会。2009年，洛杉矶河生态复兴工程在美国ASLA人会上获得了分析与规划荣誉奖，在其评奖词中写道"该项目不仅还原了洛杉矶河的原貌，还建造了一个令人向往的露天场地，通过精明的规划策略，让市民看到前期的改善及长期改善后的情景"[1]。

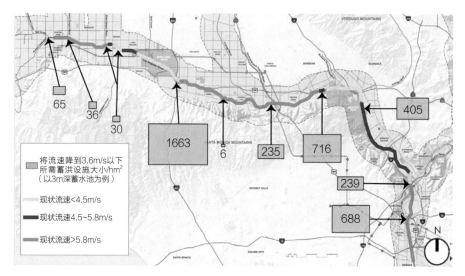

图2-7　洛杉矶河现状流速及所需蓄洪设施的位置和规模示意图

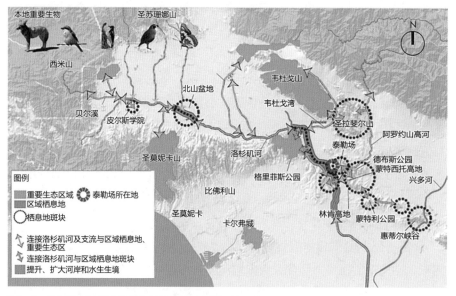

图2-8　洛杉矶河流域生物栖息地连接性的理想区域示意图

1　2009年ASLA分析与规划荣誉奖的专业评语

（2）子河段生态修复策略

2007-2015年，当局政府对洛杉矶河的各子河段生态修复策略的综合可行性进行了评估，并发布了《Los Angeles River Ecosystem Restoration Integrated Feasibility Report》[40]，其研究范围缩减至18km具有高度恢复利益和潜力的子河段。

在18km子河段的生态修复中，延续了《洛杉矶河复兴总体规划》中的核心内容，并做到进一步提升，子河段修复重点包括了蓄洪、重塑河道、支流改造、生物通道和植被修复等五个方面：

①蓄洪策略：对子河段的生态修复同样是以保障蓄洪能力为前提，保障河道植被的稳定性，在所有的候选方案中均先模拟河水流速和水面高度，不建议对流速较高的河段种植植被或减少植被种植，对局部水边高度会上升的河段加强管理维护，以扩充河道为主。

②重塑河道：移除混凝土河底，创造软质河床，必要时可减缓河底坡度及河水流速，确保维护河床稳定，以重塑河内栖息地。

③改造支流及临时河区域：支流改造是恢复河道整体生态连通性的重要举措。为修复和扩建仅存的重要沼泽栖息地（常位于主河道与支流交叉

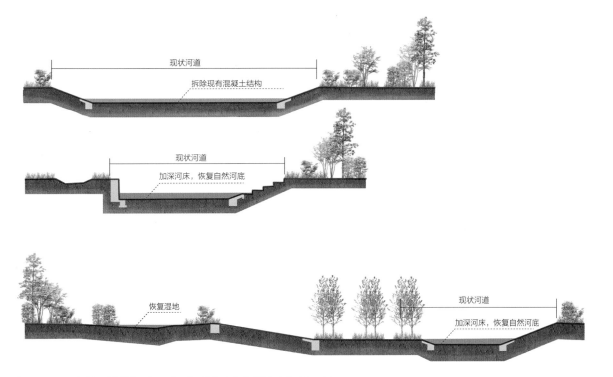

图2-9 不同周边用地潜力下适用的子河段生态恢复措施（郑君怡 绘）

口），应在移除混凝土河底后，塑造高低起伏的河底地形，将水深控制在2m以下，并依据《Los Angeles River Ecosystem Restoration Integrated Feasibility Report》推荐的湿地植物列表进行种植。

④提供野生动物通道：改造桥下穿越空间为各类野生动物提供通道，移除雨水管及其他地下涵洞，使野生动物能够顺利进入河流廊道。将河岸坡度降至3：1以下，以便野生动物在河流廊道内迁移，并在适宜地点建造跨越河流或其他障碍的野生动物生态桥。

⑤植被恢复：子河段的修复明确了修复植被推荐列表，对沼泽栖息地、河岸-河漫滩过渡地带植被种植起到了引领作用。同时，子河段恢复要求以多种方式尽最大可能绿化河岸，在人类活动区和河流修复区之间设置植被缓冲区。

（三）湿地生态修复案例——大沼泽地修复

1. 项目概况

大沼泽地（Everglades）位于美国佛罗里达州南部，现有面积1万km²（历史上达到4.4515万km²），覆盖了佛罗里达州南部大部分土地，是美国大陆最大的亚热带沼泽荒原，也是世界上最重要的三大湿地之一。

19世纪以来，随着佛罗里达人口的迅速增长，政府对大沼泽地区域的开发大幅度增加。通过改造沼泽地农业空间，开展一系列疏浚排水工程，修建了大规模堤坝、运河等工程设施，加之人类活动增加的影响，原本流经大沼泽地的自然河流被阻断，随之而来的生态负面影响不断显现，包括自然栖息地急剧退化、外来生物入侵、农业面源污染湖泊水体、湿地面积大幅度缩减、淡水鱼类和珍稀动物死亡等生态事件时有发生。

1970年代，当局政府开始讨论如何修复大沼泽地的生态环境。2000年，美国国会通过了《大沼泽地修复综合规划》（Comprehensive Everglades Restoration Plan，简称CERP），提出了82亿美元的修复规划预算，规划周期超过30年，直到如今规划仍在有序推进。

2. 修复策略

《大沼泽地修复综合规划》（CERP）倡导尊重自然，按照基于自然的解决方案（NBS）理念，模仿自然生态过程，改善大沼泽地的水文条件，修复大沼泽地的生态系统。该项规划是美国有史以来规模最大的生态修复项目，细分了多个分项规划。

（1）调整供水规划（MWD）

调整供水规划（Municipal Water District，简称MWD）是《大沼泽地修复综合规划》（CERP）的基础项目之一。根据历史数据，每年超过17亿m³的水汇入大沼泽地湿地国家公园，而规划之初每年只有9.84亿m³的水量流入。大沼泽地水源的急剧减少，导致了大沼泽地国家公园生态系统的严重退化。MWD的目标是到2010年每年可以达到12.3亿m³的水量，以修复大沼泽地湿地生态系统。

此外，针对南佛罗里达城镇人口增长趋势，MWD提出开辟新水源满足供水需求的对策，包括改变供水路线，为东北鲨鱼泥沼区供水，提高附近农业区和城镇的防洪能力，提高防洪标准等措施。

（2）大沼泽地核心项目规划（CEPP）

大沼泽地核心项目规划（Central Everglades Planning Project，简称CEPP）于2015年8月提交美国国会审批，2016年9月美国众议院和参议院授权并通过了CEPP法案，是大沼泽地修复综合规划的政策支撑工具。

CEPP的目标是通过改善北部河口、中心大沼泽地以及大沼泽地国家公园的水量、水文过程以及水资源配置，修复沼泽栖息地的生态功能。CEPP还整合了6项蓄水、输水部门的规划，将其融合成为统一的完整规划，在整个大沼泽地生态修复中具有统筹指引作用。

（3）湿地生态修复规划

2014年美国国会授权了比斯坎湾（Biscayne Bay）滨海湿地湿地修复规划，通过为滨海湿地补充水源，以改善比斯坎湾国家公园和比斯坎湾的生态系统。美国农业部也为湿地生态恢复提供保障，包括为私人业主和原住民部落提供财务和技术支持。一方面以土地保护修复为抓手，提升区域粮食生产能力，另一方面加强湿地生态修复，改善野生动物生态栖息环境。

（4）自然水文条件修复规划

自然水文条件修复的目标是尽可能地恢复原有水文生态环境。在Picayune海滨修复规划中，规划迁移48英里（约77km）运河和260英里（约418km）道路，以避免市政基础设施对自然径流的阻隔和影响，并规划建设3座大型泵站以改变水流流向，来保障相邻开发区防洪安全，设置防洪水位监测系统。

（5）自然径流恢复

自然径流恢复是大沼泽地区域生态活力再现的前提。径流恢复重点增加了从奥基乔比湖流经中心大沼泽地，最后注入佛罗里达湾的水量。为此采取了一系列措施，包括拆除阻隔中心大沼泽地与大沼泽地国家公园之间41号高速公路的部分路段而代之以桥梁，便于水流从中心大沼泽地流入大沼泽地国家公园。下一步计划将允许更多水从北向南流动，横穿更广阔地带并为大沼泽地国家公园的深水栖息地补水。

（6）基西米河（Kissimmee River）修复规划

基西米河（Kissimmee River）修复规划是将渠道化河道恢复为自然蜿蜒型河道，以及恢复河漫滩存储洪水能力。水流沿基西米河缓慢注入奥基乔比湖，减缓湖泊水位上升速度。

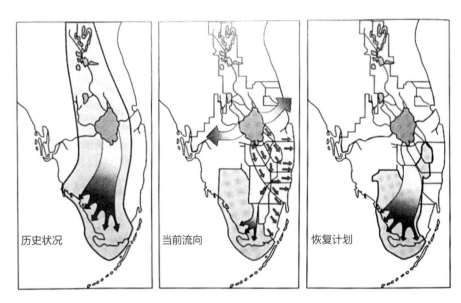

历史状况　　　　当前流向　　　　恢复计划

图2-10　美国大沼泽地水文格局变化

第四节　我国生态修复实践

一、生态修复国内进展

自改革开放以来，国内众多城市在生态修复方面开展了多方面的实践和探索，如北京、黄石、上海等地针对废旧矿山的修复治理，江苏太湖、云南滇池、湖南洞庭湖等地区针对水体修复治理的尝试，都取得了显著成效并积累了丰富的生态修复理论经验。

纵观我国经济社会发展历程，我国生态修复大致经历了四个不同发展阶段，在不同时代背景下其内涵和工作侧重点各有不同。

（1）重点水利工程治理阶段

从新中国成立初期至1978年是生态修复工作的第一阶段。这一阶段生态保护和修复的理念尚不健全，发生了多次生态灾害事件，如1972年的大连湾污染、松花江水系污染等。1958年全国第一次农村小水电会议提出"以小型为主，生产为主，社办为主"建设方针，开始了全国范围内治理水患灾害的水利工程建设，其中1960年建成的三门峡水利枢纽工程最为典型。此后，在1973年第一次全国环境保护会议上，首次明确了将生态环境保护修复列入政府职能范围，生态修复的重要性开始得到政府和民众的重视。

（2）生态修复法律体系建立阶段

1978年改革开放至1997年是我国生态修复发展的第二阶段。以1978年确立的三北防护林工程为标志，国家先后启动了沿海防护林体系工程、太行山绿化工程、长江中上游防护林体系工程等五大防护林工程，形成了以重大生态工程建设为主导的国土生态修复治理探索。同一时期，在生态资源和环境领域先后制定了《环境保护法（试行）》《草原法》《土地管理法》《矿产资源法》《土地复垦条例》等法律法规，初步建立了"三同时"制度、"三同步"制度、"三大环境政策"等制度，明确了"污染者付费、利用者补偿、开发者保护、破坏者恢复"的土地复垦原则，奠定了我国生态修复工作的基础框架和格局。

（3）生态修复广泛治理阶段

1997—2012年是我国生态修复发展的第三阶段。以1998年长江、松花江流域特大洪涝灾害治理为起点，生态修复治理进入综合治理和多部门探索的阶段。2000年11月，国务院发布了《全国生态环境保护纲要》（国发[2000]38号），标志着生态环境保护工作开始成为国家治理的主要方向。此后，全国主体功能区体系建立，退耕还林、休牧还草及其生态补偿制度、矿山生态环境恢复补偿制度先后确立，生态环境保护与修复工作日渐成为地方经济社会发展的重要内容。

（4）系统生态修复阶段

2013年至今是我国生态修复发展的第四阶段。在2013年党的十八届三中全会上，第一次正式提出"山水林田湖是一个生命共同体"的理念，到2015年中共中央国务院印发《生态文明体制改革总体方案》，要求统筹考虑自然生态各要素，进行整体保护、系统修复、综合治理，同年12月中央提出了实施山水林田湖生态保护和修复工程。2018年3月，自然资源部成立，在其"两统一"职责中就明确提出"统一行使所有国土空间用途管制和生态保护修复职责",生态修复开始从区域性的视角上升为国土空间视角,从工程性思维上升为山水林田湖草生命共同体思维,生态修复工作进入国土空间范围内,山水林田湖草各自然资源要素统筹保护、系统修复的阶段。

2016年9月,财政部、国土资源部、环境保护部三部门联合发文《关于推进山水林田湖生态保护修复工作的通知》,要求充分开展山水林田湖生态保护修复工作。至2020年底,全国已开展了三批次共计25个山水林田湖草生态保护修复工程试点,涉及全国24个省份,惠及65个国家级贫困县。政府以山水林田湖草生态修复工程治理为抓手,全国森林覆盖率达到23.04%,森林蓄积量超过175亿m³,草原综合植被覆盖度达到56%。沿海地区实施蓝色海湾整治行动、海岸带保护修复工程、渤海综合治理攻坚战行动计划、红树林保护修复专项行动,全国整治修复岸线1200km、滨海湿地2.3万ha,完成防沙治沙1000多万ha、石漠化治理130万ha。生态保护红线涵盖我国生物多样性保护的35个优先区域,覆盖国家重点保护物种栖息地,生态保护修复重点专项行动和工程成效明显,生物多样性保护全面加强。

2018年4月,长江经济带发展座谈会上提出要从生态系统整体性和长江流域系统性着眼,统筹山水林田湖草等生态要素,实施好生态修复和环境保护工程[41]。生态修复的着眼点不再仅仅局限于一条江、一条河、一个湿地,而是更重视生态保护修复的整体性和系统性。

图2-11　重庆山水林田湖草系统治理工程——铜锣山矿山修复（王秦乔丹 摄）

但国内生态修复工作在稳步发展的同时，依旧存在三方面的挑战：

一是目前生态修复工作尚未能涵盖整个国土空间地区，试点城市生态修复的经验还未能有效推广到广大城市地区；二是在具体实践过程中，生态修复工作存在法律规范建设不足，规划指引力度不够以及建设标准不一等问题；三是国内生态修复实践多注重具体地块的生态修复工程技术，如边坡治理、废旧矿山治理、黑臭水体治理等，系统性的规划体制建设还有待完善。

因此，在国土空间规划进入新时期的背景下，系统构建生态修复体制机制、梳理总结生态修复的经验和理论成果、将生态修复工作从示范地区拓展到整个国土空间、保证国土生态安全和可持续发展、提升自然资源保护和修复力度，成为当下需要重点关注的课题。

二、国内山体生态修复实践

（一）国土空间生态修复的范式

近年来，国土空间生态保护修复逐渐成为践行"绿水青山就是金山银山"的直接实现路径，这与国际上NBS（Nature-Based Solutions）的探索有异曲同工之处。王志芳等学者[42]通过对国内外217个生态修复实践案例的理念、路径和方法提炼总结的基础上，归纳出生态修复实践的6种范式，分别是自然范式、本土范式、过程范式、文化范式、实验范式和绿色范式，并通过优劣势对比，对每种范式的具体概念、适用对象、修复途径加以明确。

1. 自然范式就是应用生态学原理，尊重自然生态演替的内在逻辑，采用自然化的方式方法开展生态修复实践。自然范式遵从"最小干预"的原则，强调修复过程中尽量少地对原有生态系统的破坏，突出"无为而治，自然做功"。其优点是投入较少并最大限度地保留了原有生态系统的原真性，但缺点是对生态修复的方向和效果具有不可控性，且修复时间通常难以预估。采用自然范式开展生态修复比较适用于面积较大、人迹活动较少的自然荒野生态系统，如国家公园、自然保护区等重点生态功能区域。

2. 本土范式是在尊重地方生态系统完整性基础上开展的生态修复活动。本土范式强调本土生物物种在生态修复中的应用，坚持突出"因地制宜，地方特色"。在我国全面开展生态修复的过程中，本土范式的适用性和可推广性更好，尤其对于城市生态系统修复而言，采用本土范式对保持地方生态系统的独特性具有重要意义。

3. 过程范式也是以恢复和突出生态功能为核心预期目标，但相较于本土范式，过程范式更尊重生态系统演替的内在逻辑，以自然演替为主，人工演替为辅，强调自然演替与人工演替的相辅相成，其明显缺点就是较为依赖自然演替而使得生态修复的周期较长。

4. 文化范式和实验范式均以实现可持续发展为预期目标，强调人类活动与自然生态系统的和谐共处。文化范式强调人的需求和生态关怀，表现形式主要有社会参与度高的各类生态要素空间和仪式感突出的生态环境艺术作品等，如大地艺术等环境景观装置或社会运动。实验范式是生态修复理论的基础路径之一，通常在生态修复前，通过风险可控、目标多元的试验，测试最适合的修复方法，避免修复出现不可逆的风险发生。当前，在国土空间开展的各类生态修复工程都是基于多次实验范式的结果而全面推广的实践活动。

5. 绿色范式是指通过人工方式对拟修复区域增加绿化或绿色，降低对生态系统的负面影响，但绿化或绿色不一定能形成一个稳定的生态系统。绿色范式更适用于具体的生态修复工程，如高速公路边坡治理、主干道路两侧坡地绿化治理等，通过采用绿化覆盖和人工种植的方式，可以在最快的时间内达成生态修复的成效。绿色范式具有实施性强和见效快的优点，但通常并不能形成一个完整的生态系统，还需要更多生物多样性的引入和长期的维护干预，形成健康的生态环境。

表2-2　国土空间生态保护修复的6种范式之间的比较

范式类型	自然定位	修复途径	预期功能	优势	劣势	范式理念
自然范式	荒野生态系统	无为而治，自然做功	避免负面影响	投入较少	结果可能不可控	自然做功
本土范式	本土史前生态系统	引入本土物种	生态功能	本土物种的适应性加强	"史前"生态系统难以界定	本土生态系统
过程范式	演化的生态系统	加快自然演替	生态功能	促进自然过程	高度依赖自然演替，时间较长	人工干预可以辅助自然共生演替
文化范式	人地复合生态系统	修复人地关系	可持续发展	强化人地关系认知	费时耗力，可能会破坏自然	环境问题从本质上来说是社会问题
实验范式	人类世[1]生态系统	实验先导，风险可控	可持续发展	明确的效益，量化的目标	实验的成果没有客观标准	严重受损生态系统未来是不可预测的
绿色范式	绿色系统	使用绿色要素	绿化覆盖	实施性强，难度小，见效快	只考虑绿化，不一定生态	绿色的比不绿色的更好

1　指地球的最近代历史。

上述六大生态修复范式具有不同的适用领域和对象，在开展国土空间生态修复过程中，需要因地制宜地选择最为适用的生态修复范式，在某些特殊区域内，甚至可以采用多种范式的综合使用。

（二）国内山体生态修复实践

我国领土幅员辽阔，自然山体面临的生态环境问题多种多样，较为集中的有废旧矿山修复治理、水土流失治理、林地生态修复治理等，在多年的生态修复治理中涌现了众多优秀的实践案例，鉴于篇幅所限无法一一列举，仅选取其中几个较为典型的案例加以总结展示。

1. 湖南郴州宝山国家矿山公园

（1）项目概况

宝山矿场位于湖南省郴州市桂阳县，自汉代就开始发展采矿业。长时间的矿山开采活动对区域内的生态环境造成了较为严重的破坏，土地斑块破碎化，植被生境零碎化问题较为严重。同时，矿山开采造成大片山体裸露，引发了较为严重的水土流失，开采活动也对区域内的土壤造成了污染，不利于植物生长。

（2）废旧矿山生态修复策略

宝山国家矿山公园通过土壤净化、植被保护与恢复、废弃物处理三大途径实现废旧矿山生态修复。

根据场地自身的土壤条件，主要通过覆土、增肥及改善微生物群落从而在根本上改变土壤条件。在保护和利用原有植物为前提的基础上，矿山生态修复工程选择以本地植物为主，根据不同景色的特点和现状选择适宜的植物进行配置并分为九大区域。对园区内原有的长势良好的植物加以保护，尽量选择生长速度快、适应性好、抗逆性强、成活率高的植物。对矿区内存在的废石、尾液加以处理，选择部分合适的作为基质，使其能够满足原有物种或与之类似的物种生存。

生态修复后的宝山矿山公园保留了原有矿山风貌，恢复了部分植被，改善了当地生态环境，同时充分利用其矿冶历史文化，现已成为湖南文化旅游的代表地[43]。

2. 上海辰山植物园矿坑花园

辰山植物园矿坑公园是位于上海市西北近郊的山林风景区。

图2-12 湖南郴州宝山国家矿山公园

20世纪以来采石业兴起，辰山因其石材特性、掘取方式简单和交通运输便利等条件，成为上海周边众多采石场之一。持续多年的开采导致矿山及周边地表植被剥离，地表斑块形态剧烈改变，造成生物多样性丧失和水土流失等各类生态环境问题，并遗留下多个形态独特的坑体。在矿山停止开采作业后，这些矿山空间生境破碎、水土风化严重、基岩大面积非结构性裸露，不仅视觉体验较差，更存在地质安全隐患，成为没有功能属性的"废地"。

作为地方工业文明时代的一处记忆场地，矿坑废弃地以百年人工采矿遗迹形态被当地政府相对完好地保存下来，通过生态修复的方式打造了一处4.3公顷的矿山公园景观。

辰山矿坑生态修复的核心理念是采用"最小干预"的设计方法。利用矿坑废弃地复杂的地表形态形成不同的生境类型，尽可能地尊重和保留矿坑山体崖壁形态，而不是简单地覆盖或重写场地。对于矿坑原有的台地及挡土墙，则采用同样具有工业印记的锈钢板进行包裹，营造充满工业气息的景观效果。爆破时岩石顺自身肌理开裂，山体部分表面较平整、无层次且风化相对严重，但深潭陡壁形态趋近于中国山水画中的皴纹，有较高的审美价值。引入瀑布，让"自然-时间"做功，塑造地形来调节小气候，为植物生长提供条件。"最小干预"的设计手法不仅节约了人力、物力和时间成本[44]，也相对完好地保留下矿坑原始工业形态。

此外，辰山矿坑花园并未将生态修复与场地文化分隔，而是保留了具有场地精神的破碎地貌，在其基础上进行设计和改造，创造了丰富的空间体验，成为国内矿坑修复案例的经典之作。

图2-13　上海辰山矿坑公园（建设前）

图2-14　上海辰山矿坑公园（建设后）

3. 湖北黄石国家矿山公园

　　湖北黄石矿业中的大冶铁矿是产业链中非常重要的一部分，是国内第一家机械开采的发型露天铁矿。矿山的开采不仅带来了生态问题，也影响着以矿产为主导的城市发展。在整合世界第一高陡边坡、亚洲第一硬岩复垦林的基础上，兴建黄石国家矿山公园。

在自然生态修复中，主要采用了植物种植的规划和植被的自然再生。

黄石国家矿山公园规划设计对公园内的矿业遗迹资源进行了充分利用，通过生态修复、优化场地内的植物种植。通过植物的种植搭配，来恢复矿坑周边遭受破坏的生态环境，同时也能更好地衬托主要景观。对于园区内现存的铁轨、矿运汽车、斜钻等工业遗留设备进行就地保护或设置博览园保护，能够体现出地域的工业氛围和历史文化，也能起到科普教育的作用。对遭受破坏区域选择能够在矿山地区成活的植物进行种植，丰富了景观层次。在各景区内在种植原有乡土植物的基础上，还选择了一些耐贫瘠、耐干旱且有特色的植物。这有利于恢复矿山的生态环境，也突出了各个景区的景观特色。

复垦林原是大冶铁矿废石场，但经过大冶铁矿工人16年的努力，形成了今天这块亚洲最大的硬岩土地复垦基地。该复垦林面积达247ha，在保留原有矿山工人种植的槐树基础上，增加铜草花、双面红继木等适宜在此地生存的灌木和草本植物种植，一方面改变了单一树种植被的人工生态状况，恢复了多样化的自然生境，以此形成完善的自然生态系统[45]，另一方面通过植被复绿方式，修复了因矿山开挖造成的地表斑块破碎化，提升区域林地森林覆盖率。

图2-15 湖北黄山国家矿山公园（建设后）

4. 长汀县水土流失生态修复实践

长汀位于福建省龙岩市，曾是我国南方红壤区水土流失最为严重的县份之一。据史料记载，长汀县水土流失最早可追溯到清朝中后期，在20世纪40年代，长汀县和陕西长安、甘肃天水并列为全国三大水土流失区。因常年水土大量流失，长汀县河道堆积大量泥沙，河床抬升后与农田连成一片，形成"柳村不见柳，河比田更高"的景象，被当地人称之为河田。

在1985年遥感普查中，长汀县评估出全县水土流失面积达974.67km^2，占全县总面积的31.5%，土壤侵蚀模数达5000～12000t/（km^2·年），植被覆盖度仅为5%～40%。同时，因常年地表土壤养分的流失造成了山体生物多样性严重退化，维管束植物不到110种，鸟类不到100种，珍稀野生动物也逐渐消失或濒危。

为进一步改善长汀县自然生态环境，针对长汀县人地矛盾突出的问题，从20世纪90年代开始，长汀县针对低山丘陵、中高山地区不同的水土流失诱因，以持续开展工程为主、自然演替为辅的模式，持续对山体生态环境进行重点修复治理，并取得了较为显著的成效。

（1）低山丘陵地区

长汀县探索出了草牧沼果循环种养模式、茶果园坡改梯工程两大治理模式。①草牧沼果循环种养模式：在低矮山丘陵地，鼓励群众进行开发性治理，以油茶、果、牧、畜为主体，以草为基础、沼气为纽带，形成植物、动物与土壤三者链接的良性物质循环和能源结构，沼液作果树肥料，达到零排放、无污染，既治理水土流失又增加经济收入。②茶果园坡改梯工程：对顺坡种植及梯田平台不达标的茶果园进行改造，做到前有埂、后有沟，并在田埂种草覆盖，田面套种豆科植物，达到泥沙不下山、雨水不冲埂的效果。

（2）中高山地区

针对由坡度过陡、地形起伏度大而引发的水土流失问题，采用"上截、下堵、中绿化"办法进行综合整治，即顶部开截水沟引走坡面径流，底部设土石谷坊拦挡泥沙，中部种植林草覆盖地表；积极探索崩岗开发治理模式，通过"削、降、治、稳"等措施，崩岗区变成层层梯田和特色果园，其间套种了大豆、金银花等季节性作物，生态效益、经济效益、社会效益同步实现。

自1985年至2020年，长汀县通过持续30余年的水土流失生态修复治理，累计减少水土流失面积146.8万亩，水土流失率从31.5%下降到6.78%，森林覆盖率从58.4%提高到80.3%，土壤侵蚀规模由每年每平方公里的5000～12000t下降到980t，鸟类数量从100种恢复到300余种，生物多样性

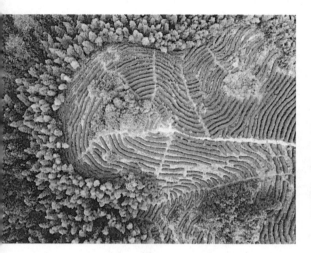

图2-16　长汀县生态茶园与水土保育林　　　图2-17　长汀县万亩水保生态示范林区

得到快速提升。2021年10月,经由水利部推荐,《长汀县水土流失综合治理与生态修复实践》成功入选联合国《生物多样性公约》第十五次缔约方大会(COP15)生态修复典型案例,水土流失治理的"长汀经验"正式走向世界。

5. 澳门石排湾郊野公园彩虹山丘森林生态修复实践

石排湾彩虹山丘位于澳门石排湾郊野公园北部,原为澳门特区政府的采石场,在矿区废弃后遗留下7级开采平台的高陡边坡崖壁,各级开采平台海拔由高至低依次编号Ⅰ~Ⅶ级平台。1985年被改建为公园,占地约20ha,其中森林修复面积为3.2ha。

石排湾郊野公园处于周边高楼林立的狭长风廊的终点,在盛行风期,彩虹丘坡面旋流加强,同时由于原场地岩石裸露等天然不良因素,造成植被退化严重、土壤愈发贫瘠,有进入恶性循环之趋势,若不及时加以修复整治,避免临海台风期强雨水冲刷、强风力冲击等气候干扰,将会存在风化程度加剧的可能。

通过查询气象资料与调查场地风环境因子,结合风环境实测数据与CFD(Computational Fluid Dynamics)进行风环境模拟,发现秋冬季时Ⅰ级平台至少达到7.31m/s。在此环境下,植物易受风害导致机械性折损,同时伴随着环境湿度降低、生长受抑制等次生影响;同时在此条件下,人的体感舒适度低,游玩意愿也随之降低。

从风环境因子对人和植物的影响角度,根据实验数据及气象统计数据,将难以捕捉的风害问题聚焦到具体区域,针对性地解决场地问题,达到趋利避害、适应场地常年风环境的效果。

图2-18　石排湾郊野公园彩虹山丘修复场地分台情况

　　Ⅰ级平台是受风害面积最大、程度最重的区域，需要扎根性强、树冠形态瘦长的树种组成适度稀疏透风的防风林带，稀疏结构林带使风速被迅速削减形成弱风区（其有效防风距离为3~5H，H为林带高度），可有效减缓场地风害对其余植被的侵扰同时还可以营造内部弱风环境，提升人在环境中的体感舒适度。同时针对Ⅰ级平台土壤瘠薄、裸岩出露的特征，以2：3的比例配置速生与慢生树种植物群落，增强该平台植被群落的韧性，促进其后续自然演替。

　　Ⅱ~Ⅵ级平台承受风速相对较小，以营造特色植被群落、恢复土壤肥力为重点，引入本土树种营造特色植被景观群落，其余景观设施则参考滨海地区常见公园配置。

第五节　国内生态修复面临的问题

　　在生态文明体制改革的背景下，国土空间整治和生态修复的建设得到空前重视，"绿水青山就是金山银山"的发展理念开始融入经济社会发展的方方面面。我们很骄傲地看到一个个兴建在废旧矿山之上的矿山地质公园，在修复破损大地"表皮"的同时，也保留下时代发展的印记，给后来人呈现出属于一代矿区工人的劳动回忆。

我国是多山国家，在960万km²的国土面积上，存在着69%的山地、丘陵和高原。山体生态系统是构成我国国土生态安全的核心部分，这里有河流的发源地，有原始森林、草原、湖泊、湿地等多种自然资源要素，也有数量极其丰富的动植物资源。但在我国幅员辽阔的山地中，有幸被修复并被大众所熟知的受损山体修复只是其中很小的部分。

尽管改革开放以来，我国国土空间整治与生态修复治理工作取得了丰富的成果，但由于我国南北地区自然地理气候差异，以及东西地区经济社会发展差异，导致各地区在应对生态修复问题的经验和做法上差异较大。目前，在生态修复工作中依旧存在生态修复意识不足、生态修复法律体系不健全、生态治理措施不完善、生态修复监督管理不到位等问题。

一、山体生态保护意识不足

长期以来，我国城市建设片面追求城市规模，忽视了对自然生态环境的保护，生态保护和发展的意识不足。尤其在有些地区城市建设过程中，城市管理者和建设者们依旧秉承着"人定胜天"的思维路径，将征服自然生态环境作为城市建设的成就。于是，"见山推山""遇水填水"的做法大行其道。

在新时期国土空间统筹管理的背景下，树立"尊重自然、顺应自然、保护自然"的生态环境保护意识是生态修复治理工作开展的前提条件。只有意识到生态环境的重要作用，认识到良好的生态环境对可持续发展的重要意义，才能更好地开展生态保护和修复。

二、生态修复法律体系待健全

目前，我国尚未出台专项的生态修复法律法规文件，生态修复行业标准规范也尚未建立。法律规范和标准的缺位导致我国生态修复工作缺乏系统性的指导和依据，在生态修复规划、修复治理措施、修复治理监督管理层面难以做到有效跟踪。

国外发达国家在生态修复治理层面已经建立了相对完善的法律体系和规范标准，对修复主体、修复原则、资金来源、监督管理及惩罚方式都做了明确规定，在其法律框架的指引下，各项生态修复工作才得以有条不紊地开展。目前国内有关生态修复的法律规范主要以条文形式出现在水、土、环境和大气等法律体系中，亟待完善的生态修复专项法律法规和规范标准出台。

三、生态修复规划引领不到位

2015年，住房和城乡建设部出台《关于加强生态修复城市修补工作的指导意见》（建规［2017］59号），规定了编制生态修复专项规划，重点对山体、水系、湿地、绿地等自然资源和生态空间进行系统调查和治理，包含加快山体修复、开展水体治理和修复、修复利用废弃地、完善绿地系统四个层面的内容，成为一定时期内开展"城市双修"工作的指南。但该指导意见更侧重于原则性指导，对生态修复规划的编制流程、编制内容和编制方法并未做具体规定。

在山水林田湖草统筹管理和系统治理的背景下，生态修复规划工作应更具科学性、全面性和引领性，作为国土空间规划体系的重要组成部分，需要明确生态修复规划的编制流程、编制内容和编制方法，以指导生态修复工作的开展。

四、生态治理措施方法待完善

我国地域幅员辽阔，东西相差4个时区，南北跨纬度约50°，不同海拔、气候、降雨条件下产生的生态问题不尽相同。生态修复需要具体问题具体分析，选取具有创新性的治理措施进行治理。

现阶段，我国生态修复治理已具有较为完善的理念，但在生态修复治理措施方法上与国外发达国家还有一定差距。以边坡治理修复为例，多采用防护网隔离封禁方式，配合简单的植被种植措施，缺少其他配套措施，同时后续管理以临时人员看护为主，监督管理环节也较为薄弱。

五、生态修复监督管理不到位

生态修复工作不是一蹴而就的，生态治理后的环境改善需要长期的过程。就好比一个重病患者，病痛得到治理后，身体的恢复还需要一定时间的休养和调理。对于局部遭受破坏的生态系统，通过生物的、物理的、化学的修复方式，逐步恢复其原有生态环境后，依旧需要对修复后的状况进行动态监督，保障生态修复的各项体征指标达到原有状态甚至优于原有状态，至此生态系统才能稳定地运作。

但现阶段多数生态修复工程，在完成初期生态治理措施后，往往忽视对生态系统后续的持续动态监督，容易造成生态系统面临二次破损，给区域生态系统、社会和经济发展带来新的负担。

当下，我国正处于全面生态文明建设的重要时期，生态修复工作依旧面临着诸多挑战，在修复理念、法律标准规范、规划编制、方法创新和监督管理等层面还有很大的提升空间。未来，在国土空间生态修复目标上，要从单纯生态修复走向提供丰富生态产品；在国土空间生态修复管理上，要从多头管理走向统一管理、统一修复；在国土空间生态修复手段上，要从工程技术走向多管齐下、综合治理。

此外，国土空间生态修复工作需要综合多学科多优势、多视角地采取创新措施进行国土空间治理。从生态学角度，生态修复要综合应用物理的、化学的、生物的、工程的手段将破损的生态系统恢复到原有生境状态。从景观美学的角度，生态修复要利用生态的工程和技术，修复破损的景观环境，提升城市景观风貌并满足民众审美需求。从经济社会发展角度，生态修复将作为实现绿色可持续发展的重要举措。从建设生态文明社会角度，生态修复工作将系统支持美丽中国建设，再造秀美山川。

第六节　我国生态修复体制机制建设的展望

我国领土幅员辽阔，各地区气候条件、植被物种、地形地貌等自然生态环境不尽相同，且各地区经济发展和自然资源禀赋不一，使得各地生态修复工作呈现区域性强、类型多样及技术复杂等特点。同时，生态修复工作往往涉及的利益主体较多，各方利益诉求复杂，协调难度较大。通过借鉴德国、美国等西方发达国家生态修复体制建设经验，在新时期国土空间生态修复规划工作中，可以从政策立法、空间规划、地块修复治理三个层面加以完善，在政策立法层面要加强生态修复立法，在空间规划层面要完善生态修复规划编制体系，在地块修复层面要加强地块生态修复工程的建设指引。

一、加强生态修复立法

目前，我国在多个法律文件中提出了生态修复的原则和要求。

在1988年的《土地复垦规定》中就规定"谁破坏，谁复垦"的土地复垦原则。到了1996年《全国生态环境保护纲要》的颁布，进一步提出了"建立生态功能保护区，实行严格保护下的适度利用和科学恢复"的要求。

2014年，《环境保护法》修订稿颁布实施，条款中明确了"建立和完善相应的调查、监测、评估和修复制度"的要求[46]。同时，针对矿产资源、水资源、土地资源、草原资源等不同领域的法律规范中也有关于生态修复的规定和表述。各地方政府在自身生态本底的基础上，也陆续出台了生态修复相关的地方性法规和配套技术标准[47]。

但我国生态修复相关的诸多法律法规主要侧重在原则、要求和方向指引层面，对生态系统的完整性、生态修复问题的多样性以及生态修复法律体系的系统性探讨不足，生态修复的法制建设还远未达到符合国土空间生态文明建设的需要。

因此，生态修复工作应进一步加强立法，包括生态修复专项法律法规和国土空间规划法律法规的制定，构建完善的生态修复法律体系，以保障国土空间生态修复工作的权威性。

首先，要坚持以问题为导向，直面生态修复工程复杂、监管不力等问题，从立法层面确立生态修复法律的基本原则和指导思想，明确生态修复工作的主要方向、工程类型、适用范围和监管机制，确立生态修复规划的法定效力。

其次，通过生态修复立法，将《环境保护法》《水污染防治法》等已有法律法规中涉及生态修复的内容补充和完善，根据各地自然生态环境制定生态修复法律体系的配套规章和条例文件[48]。

最后，明确国土空间法律法规中关于生态修复内容的规定，为编制国土空间规划和生态修复规划提供法律支撑和依据。

二、完善生态修复规划编制体系

生态修复规划作为"城市双修"规划的组成部分，已在国内多个城市开展编制和实践，但由于全国各地生态问题复杂多样，目前仅有住房和城乡建设部印发的《关于加强生态修复城市修补工作的指导意见》作为规划指导依据，对生态修复规划成果尚未建立统一验收标准，规划成果较多侧重于生态修复工程项目库的编制上，对上下层级生态系统的衔接考虑较少。

　　因此，建立完善的生态修复规划编制体系，系统界定各层级生态修复的目标和内容，是国土空间规划的重要组成部分。

　　政府通过生态修复立法，明确国土空间规划和生态修复规划的法律地位，在国土空间规划体系中设置生态修复专项规划，从国家、省、市、县、乡镇五个层级对生态修复规划的内容和要求加以规定。

　　其中，国家和省级层面侧重宏观结构，主要结合生态保护红线、永久基本农田控制线、城镇开发边界等"三区三线"明确国土生态修复的宏观目标和要求。市、县层面侧重中观城市生态系统完整性，编制生态修复专项规划作为空间规划的补充内容，划定自然资源区域管控边界和范围，明确各类生态要素的修复与保护目标、时限与监督管理措施。乡镇层面侧重微观地块治理与修复，编制生态修复图则指引，进一步细化和落实上层次规划提出的生态修复指标、管控指引和工程技术要求。

　　同时，鼓励国土空间生态修复规划创新，通过建立生态补偿机制，对自

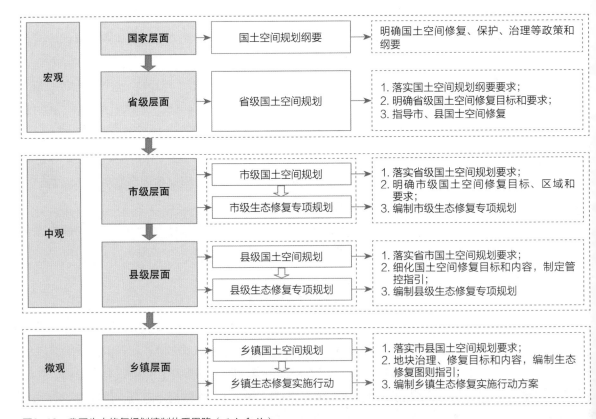

图2-19　我国生态修复规划编制体系思路（王小兵　绘）

然资源区域的利用进行整体评估，建立生态修复工程动态项目库，确保生态修复规划工作的持续动态开展。

三、加强地块生态修复工程的建设指引

地块治理是生态修复工作落地的最终体现。

我国各地面临的生态问题不尽相同，多年来在边坡治理、废旧矿山治理、土壤污染治理等领域积累了较为丰富的实践经验，但依旧存在生态治理体系不完善、治理深度不足、技术标准不统一等问题。因此，在地块治理层面，需要做到以下几点：

（1）建立生态修复技术体系和相关行业标准，加强生态修复工程的建设指引。生态修复工作涉及类型多样，建立统一规范的技术体系和行业标准，有助于生态修复的评估、规划、施工、工程监管和验收等环节的具体开展。

（2）注重规划与工程的衔接。通过编制国土空间规划和生态修复专项规划，从国家、省、市、县、乡镇五个层级落实生态修复规划的管控要求和目标，加强生态修复规划与生态修复重点工程的有效衔接，明确生态修复规划对地块工程的建设指引内容。

（3）明确生态修复工程的多元目标体系。生态修复面临的问题类型复杂多样，在生态文明体制改革的大背景下，地块层面的生态修复需更注重生态系统的完整性，构建生态治理、环境改善、系统重建等多元目标体系。

（4）搭建国土生态修复技术创新信息平台。汇集优秀的生态修复技术创新，提高生态修复工作的效率与效益。同时，鼓励国土空间生态修复工程创新，通过使用生态、环保的生态修复新材料和新装备，及时补充生态修复技术创新平台，这样既能提高生态修复治理的工作效率、节省时间成本，也可实现可观的经济效益。

Chapter III
Theory and Method

第三章
理论与方法

　　生态修复工作的对象是所有受损后需要进行恢复的各类生态系统，包括自然山川、河流、农田、湿地、海洋和城市，几乎涵盖了所有国土生态系统类型。面对如此宏大而富有责任感的命题，受篇幅所限和工作经验积累的不足，本书所研究讨论的对象仅重点关注于山地生态系统，笔墨的着重之处均围绕如何开展山地生态修复展开。

　　在开展具体的山地生态修复实践介绍之前，本章系统地对城市自然山地生态系统及其组成部分，以及山地生态系统所面临的各类问题进行了详细阐述。考虑到山地生态系统的完整性、复杂性和多样性特点，本章也引入了流域的概念，详细介绍了流域与山地生态修复工作的关系，提出将流域规划与山地生态修复工作进行统筹衔接，这为系统开展山体生态修复工作提供了一个较为可行的思路。最后，本章对现行的山地生态修复工作成效评估方法展开了论述。希望通过一个较为宽广的视角，对山地生态修复面临的各类问题及其理论知识进行一个全面的展示。

第一节　山地生态系统

一、生态系统

　　生态系统（Ecosystem，简称ECO）的概念最早是由英国生态学家Arthur George Tansley于1935年正式提出的，旨在描述一个由复杂环境物理要素构成的有机体，并以此形成的复杂物理环境系统。后经过美国生态学家林德曼（R.L. Lindeman，1940）等人的总结，将生态系统定义为"在一定空间中栖息着的所有生物与其环境整合而成的功能体"。其中，所有生物包括特定空间中所有的动物、植物、微生物（即生产者、消费者、分解者），环境指的是与所有生物生存具有直接或间接作用的"物理—化学"环境，包括太阳辐射、氧气、水分、二氧化碳、矿物质化合物等，特定空间的范围视研究的区域大小而定，可以将整个地球视为一个生态系统，可以是一片森林生态系统，也可以是一个水塘生态系统。所有的生态系统都具有自我调节能力，具有能量流动、物质循环和信息传递

图3-1　生态系统示意图

三大功能，一般都需要经历从简单到复杂、从不成熟到成熟的复杂演变
过程。

二、山地生态系统

山地（Mountain）作为地质学的研究对象，具有广义和狭义之分。

广义的山地包括具有不平坦地表和起伏坡度的区域，包括丘陵、台地、
山岭、山间盆地、高原等。狭义的山地仅仅指满足一定海拔高度的山脉及
其支脉（王明业等，1988）。根据联合国环境署（UNEP）2002年的统计，
全球陆地地表约22%的土地为山地，主要包括海拔300~1000m（相对高度
300m以上）、1000~1500m（坡度5°以上）、1500~2500m（坡度2°以上）、
2500m以上四种不同海拔类型。我国对山地的定义主要是指海拔500m以上
的区域（丁锡祉，郑远昌，1986），按此要求统计，则我国山地面积约占国
土面积的67.7%。在此区域内密集分布着大量雪山、冰川、森林、草原、湿
地、沼泽等水源涵养区，遍布着大量人口、牲畜、耕地、乡村和城市聚落，

是人类生态文明繁衍、存续和发展的重要区域。根据地形和水热条件等因素的不同，我国的山地生态系统可粗略地划分为湿润半湿润型、干旱半干旱型、高寒型三类，还可细分为若干亚类型[49]。

山地生态系统（Mountain ecosystem）是生态系统中的一种特定类型，指的是在一定海拔和坡度的地表上，各类生物与非生物及其生存环境所形成的复合系统[50]。1981年9月，山地生态委员会（IGU）、国际山地学会（IMS）、联合国教科文组织人与生物圈计划（MAB）在瑞士召开的山地生态系统专题讨论会上，对山地生态系统给出如下定义："由山地景观内活跃的'物理—化学—生物'过程组成的系统"。此外，Amare Geun等人通过对埃塞俄比亚山地系统的研究，提出山地生态系统是在海拔1500m以上且降水量大于500mm的高山区域，其指定对象具有狭义性。通常情况下，业界会把"山地系统"作为"山地生态系统"的同义词或近义词，两者之间没有严格的区分，都是由特殊地形地貌所构成的复杂"物理—化学—生物"环境组合体。

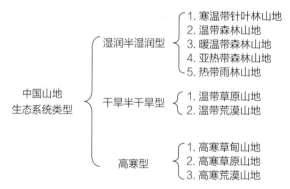

图3-2 山地生态系统类型示意图（张峥 绘）

（一）山地生态系统的生态因子

山地生态系统作为一个复合系统，支撑其正常运转的动物、植物、微生物以及物理、化学环境等要素多种多样，具体而言主要包括地形因子、海拔高程、降水量、景观类型、土地利用方式、人类活动影响等六大因子。

1. 地形因子

坡度、坡向、坡位、起伏程度等地形因子是形成山地生态系统的最基本影响要素，从某种程度上而言，山地生态学可以称作地貌生态学。其中，坡度因子天然地将山地划分为不同类型，影响并决定了动植物生存的难易程度。坡向因子主要影响山地接收、储存太阳辐射的能量，并通过影响气流走向来调节山地不同坡向区域的水热条件。

通常情况下，阳坡（北半球为东南坡、南坡、西南坡）所在区域因接收太阳能辐射时间远高于阴坡（北半球为东北坡、北坡、西北坡）区域，导致阳坡区域温度较高、水分蒸发和植物蒸腾活动强烈，进而对阳坡区域生存的动植物产生直接影响。阴坡区域则相反，在温度、湿度、生物群落等特征上与阳坡区域具有较大差异。在高海拔的青藏高原地区，阴坡区域生物多样性和植被生长态势一般会优于阳坡区域，阳坡区域的水土流失风险和土壤侵蚀风险要高于阴坡区域。这一现象在西宁周边的山地中也较为常见。

坡位是指坡面所处的不同地貌位置，包括坡沟、坡谷、坡涧、坡顶等类别，不同的坡位对土壤发育、水分蒸发、植物蒸腾的影响作用不同。受重力和海拔高度影响，坡顶到坡沟、坡谷范围内的土壤受雨水径流的侵蚀效应，土壤厚度和营养丰富程度形成一个梯级递增的现象。一般而言，坡顶土壤受侵蚀程度最高，土壤肥力相对最低，坡沟、坡谷地区土壤侵蚀程度最低，土壤肥力相对最高（沈泽昊，2002）。同时，坡沟、坡谷等低坡位区域受到的各类生态干扰效应也要远高于坡顶等高坡位区域。土壤肥力和生态干扰程度的不同，导致了不同坡位区域植被和群落多样性的差异（宋永昌等，2001）。

2. 海拔高度

海拔（Elevation）是一个地理学名词，指的是地面某个地点或者地理事物高出海平面的垂直距离。海拔高度是联合国环境署（UNEP）对山体划分的直接依据，海拔高度的不同会直接引起太阳能辐射、降水、气温、植被、气候等多类因子的差异，形成不同的山地生物种群、群落和生态系统。我国的海拔基准点是以1952—1979年青岛验潮站测定的黄海平均海水面为基准，其水准原点高程为72.260m，并在1985年确立了国家高程基准。

海拔高度的不同直接影响着大气压强和空气中氧气密度。一般情况下，海拔1500～3500m被称为高海拔，此区域大气压强和氧气密度依旧适于人类生存，我国几大高原区域内的多数城镇都在这个海拔区域范围内。3500～5500m的区域被称为超高海拔，此区域内大气压强和氧气密度下降明显，此范围内城镇数量明显减少，对人类生存提出一定要求。5500m以上的区域被称为极高海拔，此区域内大气压强和氧气密度进一步下降，人体机能和生存受到严重影响。

3. 降水

山地地形中，降水量直接受到海拔高度的影响。随着海拔高度的上升，空气中的水蒸气团和降雨强度会呈现正相关变化而不断加强，当海拔达到一定高度时，降水量在低温空气温度中不再增加，凝结成冰和降雪形态储存水量。我国青藏高原地区分布着全球最多的高山冰川和冻土区，在全球大气气候调节和水资源循环过程中扮演着重要作用。近年来，随着温室气体不断堆积，全球气候变暖问题成为世界共同面临的课题，据统计，2019年全球平均气温相较于工业革命前高出约1.1℃，这也造成了青藏高原地区峰顶积雪和冰川消融风险，使得高山雪迹线不断抬升。

4. 景观类型

景观类型是指山地生态系统中各类动植物群落及其生存微环境形成的景观单元。按照景观类型形成的原因，通常可以分为人工山地景观类型、自然山地景观类型两大类。

人工山地景观是人类在适应山地地形条件和生存环境过程中，对山地生态系统开展的人为改造，如我国西南山地丘陵区域形成的"冲冲田"农业景观、云南哈尼梯田景观等都属于人工山地景观类型。

自然山地景观是山地生态系统在自然风雨光热条件下，自然形成的各类景观体系，如长江上游沿岸的崖壁景观、马尾松纯林景观等，自然山地景观在类型上、规模上、空间分布上要更为丰富。

5. 土地利用方式

土地利用方式是人类活动对山地地表产生的直接表现形式。随着3S（GIS、GPS、RS）等空间技术的推广应用，山地生态系统的土地利用方式得以更快地在空间上进行聚合分类。我们较为熟知的土地利用方式包括山地生态系统中的城镇、乡村聚落空间，山地农业种植空间，山地养殖水库坑塘、畜牧业农场等农业养殖空间，以及对外交通联络的道路、桥梁等交通空间。此外，各类自然资源形态也是土地利用方式的表现形式，包括裸土地、荒地、森林、沼泽等土地利用类型。

6. 人类活动影响程度

在人类早期和封建社会时期，人口的数量高度依赖于土地的粮食产量，人类对自然山体生态系统的影响程度较为有限。进入工业社会后，人类的独立生产能力得到大幅度提升，各类生产工具的发明创造，也加强了人类对山地自然环境的应用和破坏。尤其是人类对各类矿产资源、森林资源的开采和利用，山地生态系统也随之发生了巨大的变化。进入工业文明后期，人类生产能力得到更为长足的发展，对自然山地生态系统的影响更加显著。

山地是人类生存的重要家园，中国山地城市学创始人黄光裕先生在2004哈佛大学会议报告上发言："未来最精彩的生态城市将会出现在中国山水交融的山区。"因此，我们需要把握好对自然山地资源的开发强度，避免因人类发展对自然山体造成的不可逆的损坏。

（二）山地生态系统的分类

根据地形起伏、海拔、景观类型、土地利用方式、人类活动影响程度的不同，山地生态系统可进行多种类型细分，本书主要从生态系统单元、土地利用方式和人类活动影响两方面进行山体生态系统分类探讨。

1. 按生态系统基本单元分类

山地生态系统可以称之为是一个地域性生态系统，如将这个地域性生态系划分成为一个个基本单元，即具有不同特质的亚生态系统，这对于开发利用山地自然资源、保护山地环境具有重要的理论意义。小流域生态系统是山地生态系统基本组成单元，根据空间位置的差异又可以分为分水岭（山脊区）亚生态系统、斜坡（侵蚀区和堆积区）亚生态系统以及谷地亚生态系统[51]。

（1）小流域生态系统

小流域生态系统是山地生态系统的基本组成单元。就具体山地生态系统而言，小流域具有独立的地理空间边界，可用来衡量山地生态的重要组成，具有较强的可辨识度和可控性。小流域生态系统内具有完整的物质交换、能量交换和信息传递链条，是研究山地生态系统生态平衡、生态演化规律的基本来源。通常来说，小流域生态系统内物质能量有一个出口，即河流或溪流的出水口，小流域径流作为汇集流域范围内生态信息、物质能量和营养元素的主要载体，孕育了小流域范围内的生产者、消费者和分解者，且小流域生态系统内的消费者对初级生产物具有单向转移功能。按照小流域进行生物群

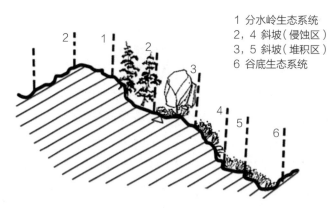

1 分水岭生态系统
2，4 斜坡（侵蚀区）
3，5 斜坡（堆积区）
6 谷底生态系统

图3-3　山地亚生态系统分区示意图（张峥 绘）

落的规划、生态格局的构建具有较强的可操作性，有利于山地生态系统稳定性和良性发展。

（2）分水岭亚生态系统

分水岭亚生态系统是位于独立山体的山脊及与之相邻的两侧动能潜势相对较小的缓坡地带，景观要素完整、生态功能健全的分水岭生态系统是斜坡生态系统和谷地生态系统的保护神，即我们常说的生态屏障[52]。

（3）斜坡亚生态系统

斜坡生态系统作为山地生态系统中最为复杂多变的生态亚系统。受太阳辐射关系影响，同一个基层生态单元中坡向的不同，也会呈现出生态关系和生态效应的差异性。"斜坡生态系统"其本身可进一步细分出许多小冲沟、台地、凹地、凸地等微环境单元，从而导致该生态亚系统具有多样性、复杂性、多变性以及无规律性。

（4）谷地亚生态系统

按照生态系统基本单元的分类，无论是分水岭、斜坡还是谷地生态系统都是相对的，因为生态系统的开放性和生物的能动性，致使孤立性生态系统边界很难确定。且它们之间无时无刻不在进行着物质、能量、信息的交流或传递。"谷地"根据其所处的特殊位置，可以称之为有汇集、聚集功能的"汇生态库"，谷地亚生态系统在水分、养分方面具有明显聚集性和综合性[51]。

2. 按土地利用方式与人类活动影响程度分类

按照山地景观类型和土地利用方式的不同，可以将山地生态系统分为山地林业生态系统、山地农业生态系统、山地草地生态系统、山地雪山生态系统、山地沼泽生态系统等不同类型。我国山地自东南沿海到青藏高原，孕育了丰富多样的山地景观单元，并在人类长期与山地自然生态共存过程中，遵循山地生态特征和自然规律，演变出多样化的"农业—自然"混合及过渡类型。

人类对生态系统影响程度可解释为系统中"物质—能量"运动的空间一体化程度，主要是指生态系统对外部投入能的依赖程度，也可以说是生态系统的"人工性"程度。按照人类活动对山地不同的影响程度，可以将山地生态系统分为山地城市生态系统、山地农业生态系统、山地自然生态系统等三大类型。

第二节　山地生态修复理论基础

山地生态修复是将破损的山体恢复到自然状态的一种途径，是在理解自然生态过程的基础上，结合地方自然环境、地质特性和水文过程，深入了解地方水文与地质相互作用的过程与机制，进而分析山地生态问题出现的原因，并提出工程的和非工程的解决方案。

在山地生态修复理论中，需重点关注影响和改变山地生态环境的因素，以生物学、生态学、景观生态学、恢复生态学等理论知识为基础，深入认知山地生态系统在人工和自然条件下演替的内在运行逻辑，区分受损生态系统的类别和重点区域，才能更精准地开展国土空间生态修复。

一、生态学理论

生态学（Ecology）是阐释一定区域范围内生物栖息和自然环境之间相互关系的综合学科。德国博物学家E.Haeckel于1866年首次提出生态学的概念，认为生态学是研究生物有机体及其周围环境，包括生物环境和非生物环境相互关系的学科。此后，不同学者对生态学的内涵进行了多角度的深入探索，由于研究的对象、栖息地、区域尺度、人类参与度等不同，生态学逐渐演化为一个复杂而庞大的综合性学科。从最早期以动物生态学、植物生态学、湿地生态学、海洋生态学等以生物对象及其栖息地为主体的生态学类型，逐步延伸到包含人类社会在内的多种复合类型生态对象，包括城市生态学、人类生态学、微生物生态学等内容。

随着全球气候变暖、南北极冰川消融、臭氧层黑洞等全球性气候问题成为世界各国关注的焦点，生态学的研究边界也进一步延伸到人口、资源、粮食、环境等人类生存的重大问题层面。

生态学的主要研究内容包括五个方面：生物与环境的关系、生物个体生态、种群生态、群落生态以及生态系统生态。生物与环境的关系是生态学研究的基础，涉及生态学研究的各个层面，生物生存的"物理—化学"环境对生物个体、种群、群落都起到重要影响作用。对个体生态的研究注重生物个体与生存环境的相互关系，研究生物个体适应环境的能力，关注生物个体全生命周期的过程。种群生态研究的是一个自然区域内同种生物形成的群体与自然环境的相互关系，关注种群内不同个体之间的社会交往和信息交流，是研究群落和生态系统的基本单元。群落生态是生态学的重要分支，重点研究不同种群之间、不同种群与环境之间的复杂关系，不同种群之间构成的食物链结构和体系。生态系统生态是研究一个特定空间内所有生物与环境之间产生的物质循环、能量流动、信息交流的复杂情况。

生态修复是生态学的分支学科和具体践行路径之一，其内涵包括自然生态系统自身修复和人类活动引发自然生境破坏后修复两大类型。前者多以自然生态系统长时间的自然演替来达到修复目的，后者多以短时间内采取的物理、化学、生物的复合修复措施来提升演替时间，以达到生态修复目的。

原始的生态演替方向是该区域理想的演替上限，为该区域原始条件下最佳的环境状态，也是生态修复可参考的目标。在严重的人为干预或破坏下，一定区域内的生态系统的平衡遭到破坏，致使生态演替过程停止或者倒退。山体遭受破坏而产生的多种问题，是由系统内的单一要素引起的。可根据基本的生态学定律，能量流动、物质转化、信息传递等，分析出该生态系统失衡的原因，并将其落实至具体的要素上，针对不同的要素提出扭转失衡现状的方法，恢复该系统的稳定，使其能够朝着原始方向继续演替。

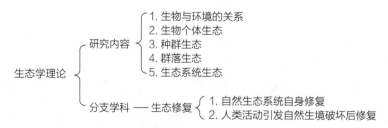

图3-4　生态学理论框图（张峥 绘）

本书研究的西宁山体生态修复就是以人工修复为主、自然修复为辅，采取"物理的、化学的、生物的"复合修复措施，按照既定修复方向，最大限度地缩短修复周期以达到经历漫长自然演替才能达到的效果，实现绿水青山的生态修复目标。

二、生物学理论

人类在与自然界长期相处和自我生存的过程中，逐渐认识和适应自然环境，并摸索出了对动植物和自然界的一些规律，经过系统性的归类和总结，形成人类早期生物学的雏形。中国古代在农业种植、医药、畜牧养殖等方面都有传世之作问世，如西汉晚期氾胜之的《氾胜之书》、北魏贾思勰的《齐民要术》、北宋沈括的《梦溪笔谈》、明朝中期宋应星的《天工开物》、明末张岱的《夜航船》等著作，都是中国古人关于农业和自然界认知的经验总结，是中国早期的生物学雏形。国外对农业作物种植、病虫害防治、动植物的研究记录也都有据可查，1859年达尔文的《物种起源》一书问世，提出进化论的观点，极大地推动了现代生物学的发展。

生物学（Biology）正式成为一门科学是在19世纪，其定义是研究生物（包括植物、动物和微生物）的结构、功能、发生和发展规律的科学，是自然科学的一个部分。自然山地生态系统作为一个涵盖了丰富动物、植物、微生物的复合生态系统，其生态修复的过程就是重塑生物多样性的过程。

自然山地中的动植物通过其生物活动影响山体内外部环境，其中尤为明显的是动植物及微生物对山体表层介质的影响，这对于废弃矿山、破损山体的修复具有非常重要的意义。

微生物的活动可以分解化学物质，降解废弃物，逐步改善场地原本土壤的化学环境，提供适宜植物生长的土壤环境。许多腐生生活动物可以通过自身的活动改善土壤的物理环境。在较好的水热环境下，植物便可以生长。同时，植物的生长会反过来改善土壤的水热条件，山体表层形成具有一定生态功能的植物群落，在达到一定的群落规模后开始进行演替，促进山体的生态修复。

山地环境和生物的关系是相互制约、相互促进的，正确的生物选择十分有利于山体的修复，所以山体修复的不同阶段需要不同的生物学理论支撑，提供适合该阶段的建议。

三、景观生态学理论

景观生态学（Landscape Ecology）是指在一个较大的区域范围内，研究由不同生态系统所组成的景观的空间结构、相互作用、协调功能及动态变化的生态学分支。学者肖笃宁（1999）将景观生态学总结为六大特性：景观系统整体性和景观要素异质性、景观研究的尺度性、景观结构的镶嵌性、生态流的空间聚集与扩散性、景观的自然性与文化性、景观演化不可逆性与人类主导性及景观价值的多重性[53]。

景观生态学理论模型将"斑块—廊道—基质"作为一种描述景观生态系统的"空间语言"，可以更具体地描述景观结构、功能和动态，同时还有利于分析景观结构与功能之间的相互关系[54]。将一个完整的生态系统或生态地区看作一个斑块，连接不同斑块的通道称之为廊道。景观生态学强调多尺度空间格局和生态学过程的相互作用以及斑块动态过程，更能合理和有效地解决实际的环境和生态问题。以受损山体为例的各类生态问题，其表现多为景观空间破碎化以及生态系统的不稳定性，如废旧矿山、水土流失、裸露山体等。

景观生态学强调区域内景观的连续性以及生物的多样性，空间连续性较佳的生态系统，其空间结构更加稳定，有利于群落以及生物多样性的发展，可为山体生态修复提出在生态系统空间结构优化上的指导思路。如在斑块结构破坏时，优化斑块内的结构，重构不同斑块之间的联系。

此外，景观生态学的理论为土地持续利用评价提供了一条新的途径，对土地持续利用评价概念、原则、理论基础、指标选择、评价方法与过程都有重要影响[55]。在建立区域安全格局的基础上，考虑不同斑块的生态效益和土地利用方式，进行综合生态修复，才能够实现区域生态系统的最优化。

四、恢复生态学理论

恢复生态学理论作为20世纪80年代以来发展迅速的现代生态学分支学科，旨在研究生态系统退化的原因，以及退化生态系统的恢复与重建的技术与方法、生态学过程与机理的科学[56]。其主要技术手段包括三种：分别是周期长、结果不确定性大的自然恢复手段，目标状态更理想化的人为干预手段，资金和时间成本较低的科学分析比较手段[57]。

恢复生态学应用了许多学科的理论，主要包括生态学和景观生态学理论，侧重于对指导生态恢复的理论的延伸，如限制性因子、热力学定律、生态位原理、植物入侵原理等[58]。从恢复生态学的发展历程与未来趋势看，当前的研究从对静态的、基于结构与特定生态系统类型的研究，逐渐转向对动态、多时空尺度的研究以及基于生态过程的多维度生态修复[59]。尤其在国土空间生态修复方面，以生态系统尺度为基础，强调景观、流域和区域尺度的生态修复，关注国土空间生态修复中自然资源的恢复、生态产品与生态系统服务的方法、生态修复中的经济过程等领域[60]。

恢复生态学多对应着切实可行的修复方法，如生态适应性理论即是强调尽量采用乡土树种进行生态恢复，生态位原理即是强调合理安排生态系统中的物种及其位置。较生态学和景观生态学提出的方法更加直接和明确，且更加关注生态的恢复和改善、注重生态修复的成本与收益权衡，在山体生态修复中具有较强的应用价值。

五、生态演替理论

生态演替是生态学中的基本概念之一，是指一种生态系统类型或阶段逐渐被另一种生态系统类型或阶段替代的过程，是生物群落与自然环境相互作用，长期影响并引发了生境变化的过程。

景观生态学中认为自然系统在无外界干扰的情况下本身具有修复自愈的能力，因内部和外界不同因素共同作用的影响，自然生态系统发展是有既定顺序的，即从低级到高级，再从高级到衰退的过程。

从生态演替的形式上可以分为"进展演替—逆行演替""正向演替—逆向演替""自然演替—人工演替""原生演替—次生演替"等不同的演替类型。在漫长的生态进化过程中，自然植被生态系统经历着从"裸地—荒地—荒草地—灌丛地—灌木林地—乔木林地"不断演替的过程。

举例来说，废旧矿山、水土流失及火烧迹地的修复属于次生演替类型，其土壤环境保留原有生态系统较好的物理、化学和生物性状，有利于植被生长，通过人工手段加以推进修复的速度；裸露山体的生态修复属于原生演替类型，在土壤质地脆弱和植被生长环境不足的条件下，实现裸露山体生态系统的改善，需要经过"地衣—苔藓—荒草地—灌丛地—灌木林地—乔木林地"的演替过程，仅靠自然手段需要经历几百甚至上千年的时间，通过人工演替的协助，可以大大缩短这一进程。

生态修复就是充分运用生态演替的理念，综合生物、水、大气、土壤、人类活动等多个因素，采用人工演替与自然演替相结合的方式，加快生态演替的进程，修复破损的生态系统和环境。

西宁山体生态修复是典型的生态演替对象。其中，废旧矿山、水土流失及火烧迹地的修复属于次生演替类型，其土壤环境保留原有生态系统较好的物理、化学和生物性状，有利于植被生长，通过人工手段加以推进修复的速度。裸露山体的生态修复属于原生演替类型，在土壤质地脆弱和植被生长环境不足的条件下，实现裸露山体生态系统的改善，需要经过"地衣—苔藓—荒草地—灌丛地—灌木林地—乔木林地"的演替过程，仅靠自然手段需要经历几百、上千年的时间，而通过人工演替的协助，可以大大缩短这一进程。

第三节　流域与山地生态修复

流域是山地城市天然的地理单元。

自秦汉时期，我国在行政边界区划中就有遵循"山川形便"和"犬牙交错"原则进行边界划分的传统，在如今西北和西南的山地城市中，部分县级和镇乡级行政区边界与自然流域边界依旧保持着高度的吻合。在新时期国土空间生态修复背景下，探索流域与山地城市国土空间生态修复的融合，践行"尊重自然、顺应自然、保护自然"的生态理念，对统筹自然资源全域全要素的保护和修复，维护山水林田湖草生命共同体具有重要的意义。

一、流域的概念

流域（River Basin）首先属于一种典型的自然区域，是以河流为核心，被自然山体分水线所围合的汇水区域，在地域上具有明确的边界范围。因流域所形成的地理空间范围包含山水林田湖草等众多自然要素，对一个区域、国家甚至多个国家具有重要意义。世界上重要文明的发源地都是在以流域为主要阵地孕育产生的，如中国的黄河流域孕育的华夏文明、埃及的尼罗河孕育的古埃及文明、幼发拉底河和底格里斯河孕育的古巴比伦文明、恒河流域孕育的古印度文明等。

流域是对一条河流宏观形态的表述，根据流域汇水径流的大小划分，可将流域分为干流、一级支流、二级支流等不同汇水径流区。干流是流域水系中最主要、长度最长的径流，汇集流域内所有的支流水体，最终注入海洋、湖泊或其他河流水体。流域内流入干流的径流是一级支流，流入一级支流的径流是二级支流，以此类推，最终无径流汇入的径流可称之为末端径流。如雅砻江、岷江、沱江、嘉陵江、汉江等汇入长江的河流属于长江流域的一级支流，涪江、渠江等汇入嘉陵江的河流属于长江流域的二级支流，属于嘉陵江流域的一级支流。

流域面积的大小与流域汇水区域的大小直接相关，多个小流域汇水单元可以汇聚形成一个大的流域单元。以长江流域为例，长江流域源头发源于青藏高原腹地的昆仑山脉和唐古拉山脉各拉丹冬峰西南侧，从源头往下6387km的干流水域中，先后流经了青海省、西藏自治区、四川省、云南省、重庆市、湖北省、湖南省、江西省、安徽省、江苏省和上海市11个省市区域，沿途汇流了雅砻江、岷江、沱江、嘉陵江、乌江、清江、汉江、湘江等多条支流水系，最终形成了流域面积180万平方公里的长江流域，占我国国土面积的18.75%，养育了近4.6亿人口。

此外，流域的主要特征还包括流域高度、流域方向、河网密度等。其中，流域高度与流域的海拔高度有关，不同海拔高度流域的降水、湿度、温度等气候条件不同，进而决定了流域内水量的不同。河网密度是指流域干支流总长度与流域面积的比值，是反映流域水系疏密程度的重要指标。流域方向又称作干流方向，受重力作用影响，流域干流都是往低海拔区域汇集，根据干流水体最终是否汇入海洋可将流域分为内流流域和外流流域。

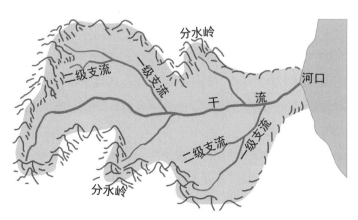

图3-5 流域单元示意图（伍丽萍 绘）

（一）内流流域

内流流域亦叫作内流区，是指地表径流水体最终流入内陆湖泊或在内陆断流的流域区域。"大兴安岭—阴山—贺兰山—祁连山—巴颜喀拉山—冈底斯山"是我国内流流域与外流流域明确的分界线，分界线以西北区域属于内流区，包括新疆、甘肃省、青海省、内蒙古、西藏等在内的众多西北省份，其河流水系最终汇入内流湖泊或在内陆断流，如新疆的塔里木河、黑龙江的乌裕尔河、甘肃的疏勒河和黑河等流域。此外，青海湖是我国最大的内流区湖泊。

我国内流区与外流区分界线与全国400mm降水线高度重合。内流区因远离海洋导致区内降雨量小于外流区，多依靠高山冰川融雪形成河流水系来源，且因蒸发量较大导致河流水量不足。内流区水量的不充分和干燥的气候，形成了我国西北地区干旱半干旱气候和青藏高原高寒半干旱气候。

（二）外流流域

外流流域也叫作外流区，是指地表径流水体最终流入海洋的流域区域。"大兴安岭—阴山—贺兰山—祁连山—巴颜喀拉山—冈底斯山"内外流区域分界线以东南属于我国外流区，包括长江、黄河、珠江、海河、辽河等重要河流水系，外流流域面积约占到全国国土面积的三分之二。其中，除了怒江、澜沧江、雅鲁藏布江等流域汇入印度洋外，其他所有外流区河流水体最终都汇入太平洋。

二、流域与山地城市

山地城市是指城市主要分布在山地、丘陵和崎岖不平的高原等山区的城市，形成与平原地区迥然不同的城市形态与生态环境，与平原城市相比，山地城市具有更高的环境多样性，系统敏感性与功能复合性。山地城市的水文过程受地形地貌和气候环境的影响，在水网密度、地表径流流速、流域单元形态上具有明显差异性。

流域是山地城市生态空间重要的地理单元，因山地城市起伏多样的地形特征形成了多个山脊分水线，进而形成多个汇水单元。同一个流域单元内具有相近的生态物种、同源的水文条件和人居聚落环境，在研究山地城市生态空间过程中，流域单元是统筹开展山地城市生态空间保护利用、生态修复、管控的最佳地理单元形态。

（一）流域的"源—径流—汇"过程

流域是"源—径流—汇"理念的天然空间载体。受地形地貌和海拔高程影响，山地城市在自然分水岭之下形成雨水径流的"源头"，随末端支流而下，逐级汇入更大支流，形成"径流"过程，最终通过流域干流汇入海洋、湖泊等受纳水体，即所谓的"汇"。流域的"源—径流—汇"物理过程具有系统完整、逐级叠加、动态迁移的特点，摸清其各环节物理、化学特性对开展山地城市自然资源保护、利用与管控研究具有重要意义[61]。

流域范围内的"源"是流域水量的来源，包括自然降雨、高山融雪、冰川融化等物理过程，源头区域的冰川雪山、森林、草地、沼泽等自然资源具有重要的水源涵养功能，是流域优先保护的对象，对其进行保护需要限制人类活动和工程破坏。流域"径流"过程涵盖了整个流域的生命过程，从末端径流到一级支流、二级支流、三级支流等各支流水域，都是"径流"水体逐级叠加和动态迁移的路径。在海绵城市建设过程中，结合"径流"逐级管控理念对径流总量、径流峰值和径流污染物进行防控，通过一系列物理的、化学的、生物的工程和技术手段达到径流削减和防控目标，实现流域水环境安全和稳定。流域的"汇"是流域范围内水体最终汇聚地，通常"汇"都在流域干流出水口之外，与流域构成相互依存的关系。

在一个完整的流域单元中，次一等级的支流汇入高等级支流的节点叫作汇水点，汇水点的位置和数量直接决定了流域内水文单元的大小和数量。通常，汇水点区域水量丰富，容易因雨水冲刷形成泥土冲击区，如河流三角洲地区。同时，根据生态过渡区的特性，汇水点区域通常具有更多样的生物物种和动植物群落，具有潜在湿地功能，在净化水体和提供生物栖息等方面具有重要作用。

（二）流域与山地城市生态修复

长期以来，我国山地城市的生态修复较为关注单一类型的生态问题治理，侧重"头疼医头、脚痛医脚"，缺乏从生态系统角度对生态修复工作进行统筹谋划。与以往山地城市生态修复治理不同，流域在山地城市生态修复中是天然的修复单元。从生态系统完整性的视角出发，流域单元的生态修复应立足于山地城市自然地理环境特点，统筹各流域内山水林田湖草等自然资源要素的保护、修复与管控。

根据流域自然资源特点，山地城市流域生态修复注重三个关键环节：流域源头保护、中游防护和下游治理。

流域源头保护注重源头水源涵养功能的维育，注重源头冰川雪原、森林、草地、沼泽等资源要素的保护，限制人类活动对源头自然环境的破坏。流域中游防护注重河流与沿岸用地水文关系的处理，注重河流自然岸线的保护与维育，避免沿岸生产生活用地产生的各类污染物对河流水体的破坏，以及关注流域沿岸自然生态系统的稳定性和生物多样性保护。流域下游治理注重流域水环境与人居环境的融合，以提供高品质生态居住环境为目标，打造优美的滨水空间环境，避免人类建设活动对水体与自然岸线的破坏，防止垃圾填埋河道，并预留生物迁徙滨水廊道。

欧美等国在20世纪就开始探索以流域为单元进行生态保护与修复工作，如美国佩诺布斯科特河流域，欧洲莱茵河流域等，我国传统流域规划更多注重于流域水环境的治理，侧重于工程手段，对流域水体周边土地类型、生产生活的关注较少。

在山地城市生态修复过程中，可以立足流域内地形特点，充分结合"源—径流—汇"水文过程[62]，将流域水文单元作为山地城市生态修复单元来开展山地城市生态修复工作，将流域规划与新时期国土空间规划进行融合探索。

三、流域规划的演变

流域规划是以流域水体及其周边的各类自然空间、农业空间、城镇空间为主要规划对象的规划类型，是一个主权国家对本国范围内具有重大生态、经济、民生价值的流域进行资源统筹布局利用的一种方式。流域水体对周边自然环境具有重大影响，流域可以孕育肥沃的土地、森林、湿地、城镇、村庄，可以带来丰富的电力资源和鱼类资源，也是重要交通运输通道和经济走廊。因此，世界各国都十分重视流域规划工作，根据国内外发展进程的不同，在流域规划的发展内容上也有所差异。

（一）国外流域规划（watershed planning）

国外在19世纪就开展了流域规划工作，以流域作为单元开展相关规划已经历了多个发展阶段[63]。1879年美国密西西比河委员会是全球最早的流域规划管理机构，委员会对密西西比河流域进行全面的测量调查、防洪和改善航道等工作[64]，并在1928年提出了以防洪为主的全面治理方案[65]。此后流域规划开始成为一种固定的空间发展规划类型，在欧美多个国家进行了长期的管理实践[66]，如美国的田纳西河、哥伦比亚河，法国的罗纳河等流域均开展过流域规划工作。

从流域跨越的行政区域范围上可将国外流域规划归为跨国（国际）流域规划和跨区流域规划两种类型。跨国（国际）流域规划多关注跨国的流域水质管理，提出上下游国家水质协同管控要求，跨区流域规划则更侧重于流域范围内生态、经济和社会发展目标的协同[67]。

欧洲莱茵河流域规划是典型的跨国流域规划，通过莱茵河保护国际委员会（ICPR，1950）的成立，制定了适用于流域沿途各国的流域管理远景目标和管理措施，并于2000年加入了《欧洲水框架指令》[68-69]。

较为典型的跨区流域规划包括英国泰晤士河、美国田纳西河、澳大利亚墨累—达令河等，根据各流域自然资源禀赋、社会经济水平的不同进行差异化的规划定位，如美国田纳西河流域规划明确整合生物、文化、娱乐等六大资源领域的发展目标[70-71]。英国2009年编制了泰晤士河流域规划，以2015年为规划期限，规定了中央政府、环境署、农业、水利等各管理部门的职责和具体行动。澳大利亚墨累—达令河流域规划提出调整"可持续的分水限制"（SDLS）运作机制，从整体目标、环境目标、水质和盐度目标、水市场交易目标四个目标层级进行流域规划管理内容分解[72]。

总体而言，国外流域规划伴随着工业文明的发展而逐步形成体系，主要呈现两大特点：

一是从早期的单一治理目标逐步演变为"多元"目标流域整治。根据流域范围内的政治、经济、社会、文化等不同环境进行针对性的定位，在规划目标、策略、措施等方面不断完善，从跨区协调监管逐步发展为跨区域系统协同规划，从大规模灰色基础设施走向强调分散小规模绿色基础设施。

二是在流域管理、参与成员、技术策略等层面，形成比较成熟的流域规划体系。水利等重要资源机构不再主宰决策过程，其职能转变为向水资源管理利益相关方的民主协商过程提供技术支持。水利工程不再受限于抗洪、环境恢复等单一目标，更多地向多元化目标发展，包括减少洪灾损失、提高航运能力、提供水源、保护水质和生物多样性等。

（二）国内"流域"规划发展历程

我国流域管理的概念从河流管理或流域水资源管理发展延伸而来，用以指导政府对流域空间和流域内各种社会经济活动采取的一系列干预活动。国内将流域综合规划定义为"开发、利用、节约、保护水资源和防治水害的总体部署，是政府规范流域水事活动、实施流域管理与水资源管理的重要依据"。

"民国政府"在20世纪30年代开始流域规划的初步探索，通过太湖、淮河、黄河、长江、珠江等几大流域水利委员会机构的设置，制定流域规划的组织条例和法律保障，但此阶段并未编制流域规划，带来了"局部良好，整体较差"等发展不均问题。到1949年之后，国家层面成立了水利部，并下设长江、黄河、珠江、淮河、海河、松（辽）河、太湖等7大流域管理机构（水利委员会），全面推进了江河流域规划和治理工作。

中华人民共和国成立后，我国流域规划先后经历了五个发展阶段：

（1）第一阶段为1949-1979年，这一阶段我国处于社会主义建设初期，尚未形成明确的"流域规划"概念，流域治理主要内容是水利开发活动，旨在解决洪水隐患、农业生产等人民群众的生存问题。这一时期水利部相继成立了黄河水利委员会（1949）、长江水利委员会（1950）、珠江水利委员会（1979年）等7大流域水利委员会，并于1958年全国第一次农村小水电会议提出"以小型为主，生产为主，社办为主"兴修水利建设方针。这一时期的重要水利工程包括三门峡水利枢纽工程。

（2）第二阶段为1980-1999年，此阶段在我国改革开放和经济体制转变的背景下，初步提出流域综合规划"点-轴-面"模式，流域规划以水利、水电枢纽工程为核心，重在补齐全国性的用电、供水、调洪功能短板。以1982年水利电力部制定《江河流域规划编制规程》和1985年小流域治理专业委员会成立为标志，全国范围内先后启动了多项重大水利枢纽工程，包括葛洲坝水利枢纽（1988年）、长江三峡大坝（1994启动）、黄河小浪底水利枢纽（1994启动）等。

（3）第三阶段为2000-2009年，高强度的水利工程建设带来了一系列流域水生态环境问题，如2007年左右爆发的江苏太湖、云南滇池等重大湖泊蓝藻事件，流域规划由以往的工程规划为主开始向资源统筹规划方向转变，规划的重点开始关注水资源综合保护及合理开发利用，强调水利工程建设与水资源管理利用并重。

（4）第四阶段为2010-2017年，随着2010年国务院批复《全国水资源综合规划》和2012年黄河、长江、淮河、海河、珠江、松花江、辽河7大流域综合规划先后获得批复，我国流域规划的层级体系系统建立完善。流域综合规划得以全面开展，规划重点从重大流域向小流域延伸，同时关注流域上中下游协同发展。

（5）第五阶段为2018年至今，以2018年自然资源部成立为标志，流域作为特定区域国土空间规划重要载体，成为实现"山水林田湖草是生命共同体"的重要抓手，流域规划进入了新的发展和探索阶段。

综合来看，我国流域规划在多年的发展过程中，已经逐步从早期的注重水利工程治理水患视角，转向以流域为地理单元，综合统筹考虑跨区域的生态系统综合治理，但目前流域规划在空间层面与国土空间规划的融合方式、融合内容等方面还有待进一步探索。

四、流域规划与山地生态修复的衔接

综合对比国内外流域规划历程，国外流域规划起步较早，已进入流域多元目标治理阶段，与生态修复工作高度融合，我国现阶段流域规划更侧重于宏观尺度的战略指引，以"水"为规划单核心[73]，与山地生态修复规划的衔接不足，在规划边界、规划内容、空间管控上存在诸多需要融合的内容。

在规划边界上，流域规划边界与生态修复规划的行政边界不一致。流域规划注重水文生态过程的完整性，规划边界往往从自然地理角度出发，以自然山脊线围合形成干流、支流集水区域为规划范围。生态修复规划注重行政管理便捷性，遵从"山川形便、犬牙交错"原则，由统一行政管理单元作为规划范围。

在规划内容上，流域规划以水为单核心，对流域内多元要素统筹管控考虑较少。传统流域规划注重水资源合理开发保护和综合利用，规划的落地策略集中于工程技术和梯级开发。生态修复规划在生态文明建设的要求下，注重"山水林田湖草是生命共同体"理念的落实，将流域看作一个完整的生态系统，注重流域内"山水林田湖草"等各自然要素的统筹保护修复和合理开发。

在空间管控上，生态修复规划需以流域为单元，探索在自然资源区域建立一套有效的空间管控传导体系。通过山地城市流域单元的划分，将流域单元与镇（乡）级行政边界相结合，在自然资源区域探索建立一套空间目标管控、目标传导、指标落地和正负面清单管理的体系。

本书从国土空间生态修复的视角切入，探索将流域管理单元作为国土空间生态修复的分区单元和重要管控内容。

本书以西宁为对象,立足西宁市地形地貌特征,从海拔高程、土壤侵蚀程度、人类活动强度等三个维度叠加耦合分析,对全域进行流域单元划分,同时将西宁流域管理单元与市级国土空间规划功能分区管控相结合,将刚性控制与弹性指引综合应用于城市建设区域与自然资源区域,实现全域全要素山地城市国土空间生态修复。

第四节　山地生态问题的表现形式

比较常见的山地生态问题主要有山体地质灾害,包括滑坡、崩塌、泥石流等,山地水土流失、废旧矿山带来的区域斑块破碎化,森林火灾造成的山体植被大面积损毁,裸露山体及山洪沟道引发的综合性山体问题等,本书所探讨的山地生态问题正是基于上述类型展开。

一、地质灾害

地质灾害是指由自然或人为因素引起的,对人类生命财产、居住环境造成损失和破坏的地质作用,包括崩塌、滑坡、泥石流、地震、火山爆发等。

地质灾害多与外动力地质作用有关,作为一种自然现象,不同于其他灾害,具有一定的不可避免性,带有明显的自然属性。不仅区域内的降水、洪水、地下水活动会对地质灾害的发生产生作用,人类活动也对其产生不可避免的影响。就地质灾害特点而言,种类繁多且频发[74]。

鉴于地质灾害发生的不可避免性,防治地质灾害的最终目的不是杜绝引起灾害的这种地质现象或事件,而是确保这些地质现象或地质事件不对人类造成不可接受的危害[75]。

西宁位于我国第二阶梯和第三阶梯交界区域,发生的地质灾害类型多样且频次较高,主要包括崩塌、滑坡、黄土湿陷、地面塌陷等。市区主要建设用地处于山谷地区,为灾害频发区域,为确保市民的生命安全,对山体地质灾害的防护与修复不可忽略。

二、水土流失

水土流失是指在水力、风力、重力、冻融等外应力作用下，对水土资源和土地生产力的破坏和损失。它包括土地表层侵蚀及水的损失，也称水土损失。在我国"水土流失"也称"土壤侵蚀"。

水土流失对山体生态环境的影响巨大，其危害主要包括五个方面：

（1）破坏土地资源，蚕食农田，威胁群众生存，年复一年的水土流失，使有限的土地资源遭受严重的破坏，地形破碎，土层变薄，地表物质"沙化""石化"。

（2）削弱地力，加剧干旱恶化，由于水土流失，使坡耕地成为跑水、跑土、跑肥的"三跑田"，土地日益瘠薄，而且土壤侵蚀造成的土壤理化性状的恶化，土壤透水性、持水力的下降，加剧了干旱的恶化，使农业生产低而不稳，甚至绝产。

（3）泥沙淤积河床，加剧洪涝灾害，水土流失使大量泥沙下泄，淤积下游河道，削弱行洪能力，一旦上游来洪量增大，常引起洪涝灾害。

（4）水土流失会造成水库、湖泊的泥沙淤积，降低水库、湖泊的综合开发和利用功能。水土流失不仅会增加洪涝灾害风险，而且水库、湖泊的泥沙大量淤积会严重影响到水利设施效益的发挥。

（5）影响航运，破坏交通安全，由于水土流失造成河道、港口的淤积，致使航运里程和泊船吨位的降低。

由于自然条件等原因，西宁市多年来一直面临着水土流失的问题，南北山及其周边丘陵区是西宁市严重的水土流失区域。南北山丘陵区山高坡陡，植被稀疏，沟谷发育形成山洪沟道，侵蚀严重，年土壤侵蚀模数在$5000 \sim 8000t/km^2$之间，年平均土壤侵蚀总量在96.73万t左右，属中度侵蚀区。

严重的水土流失造成了生态环境的恶化，并危及城镇交通、工矿企业及人民的生命财产安全，严重影响了社会经济的可持续发展。

三、废旧矿山

矿山生态修复是指因矿产资源勘查开采等活动造成矿区地面塌陷、地裂缝、崩塌、滑坡，含水层破坏，地形地貌景观破坏等的预防和治理恢复[70]。废旧矿山是指在采矿活动中遭到破坏、未经治理而无法使用的土地，是山体生态问题的常见表现形式。

废旧矿山的植被遭到破坏，甚至是完全毁灭，通常具有景观异质性增强、稳定性被破坏和生态过程受到影响等特征[77]。由于地表遭到破坏，难以提供适应植物生长的环境，缺乏营养物质与水分，同时伴有土壤pH过高或过低的情况，严重阻碍植被的恢复，进而严重影响着生态系统的修复[78]。

废旧矿山的不妥善治理会引发以下问题[79]：

（1）物理结构不良，持水保肥能力差。基质过于坚实或疏松，会导致物理结构不良，造成土壤板结和土壤的生物肥力水平下降。

（2）极端贫瘠或养分不平衡，废旧矿山中的P（磷）常处于化合物中或被分解释放，植物难以吸收，造成土壤有机质的严重缺乏。

（3）重金属含量过高，含有大量的Cu（铜）、Pb（铅）、Zn（锌）因子，影响土壤的代谢途径，抑制植物对营养元素的吸收及根系生长，加大周边地区遭受重金属污染等潜在风险。

西宁市域范围内共有废弃矿山30余处，占地面积167.45ha，多采用露天开采方式，使得原有的地形条件和地貌特征发生了改变，造成了山体破损、岩石裸露、植被破坏等现象。同时，对原生地形地貌景观产生了严重破坏，也对西宁市山体生态完整性带来一系列景观生态问题。

因此，恢复废旧矿山，对于重建区域的结构功能完善，物质、能量、信息平衡，构建具有抵御一定强度干扰能力的健康生态系统具有重要的作用。

四、裸露山体

裸露山体的成因通常有两种，一类是天然生成，一类是人类活动干预形成。前者主要由于地质构造运动和活动，抬升了原海洋环境的地表，加之气候环境的变化，降雨量较低，阳光作用强烈，风沙侵蚀作用频繁，长此以往形成了土壤质地疏松，植被稀少的裸露地表。此类裸露山体集中在我国西北地区，在甘肃、青海、新疆、陕西等地较为常见。

人类活动干预形成的裸露山体一般是在工程开发建设过程中对自然山体开挖破坏而形成，具有边坡裸露、水土流失严重、土壤贫乏等特征。按形成的活动类型不同，又表现为采石场的开采坑口、废弃坑口、遗留边坡和公路、铁路等开采缺口。滑坡、崩塌等自然灾害也能够导致山体地表裸露。

与自然山地水土流失相比，裸露山体的水土流失具有以下特点：

（1）由于山体被人为开挖，遗留的多为岩质边坡，其水土流失程度十分严重，土壤、水分以及有机质缺乏，几乎没有土地生产力，自然条件下植被极难恢复。

（2）生态景观遭受破坏，治理裸露山体应该以改善生态景观为主要目标，促进人与自然的和谐。

（3）治理难度大，治理措施的技术含量高，治理投入大。

大面积裸露山体将影响局部生态环境的健康发展，影响区域植被间的信息以及能量等流通。

裸露山体生态修复的基本任务是保持边坡稳定和恢复边坡植被，最终目标是恢复原有生态系统的结构和功能。山体稳定是实现生态修复的前提，在进行生态修复之前必须排除崩塌和落石隐患。生态系统的恢复是具有一定过程的，是遵循自然演替规律的，所以植被的恢复应是着手裸露山体修复的基础[80]。

五、森林山火

狭义的森林山火是指一种突发性强、破坏性大、处置救援较为困难的自然灾害。广义的森林火灾指的是失去人为控制、在林地内自由蔓延和扩展，对森林、森林生态系统和人类带来一定危害和损失的林火行为，这些都称为森林山火。森林山火发生的诱因主要有两种，一种是自然引发的，如火山爆发、天降陨石、雷击等，另一种是因人为用火而不慎诱发的，如烧荒、吸烟、祭拜焚烧等。

在一个完善的自然生态系统中，一定数量和规模的森林山火对生态系统的发展是有利的。国内外众多研究已经论证，森林山火对森林的影响同时具有利弊特性，需要辩证地看待。

在漫长的生物进化过程中，森林火灾对生态系统的影响已经深入大自然的基因。从能量守恒的角度出发，植物通过光合作用吸收太阳能和二氧化碳，储存能量，会通过山火的作用将能量加以释放，而草木火烧后留下的灰烬则重返自然系统，成为地表营养物质的重要来源，滋养着地下微生物的成长。

一定规模和一定时间间隔的山火，也有利于消除病虫害、促进森林生态系统物种的更新、增强森林的抵抗能力、促进灌木生长，优胜劣汰保留下更加适宜气候环境的物种。

但当山火较为严重，尤其是在生态敏感地区发生的森林山火，对于自然生态系统而言是一种毁灭性的灾难。

森林作为自然生态系统最为丰富的生态系统类型，遭受森林山火的威胁最为常见，在青藏高原等生态敏感脆弱地区，森林火灾对林地生态系统的摧毁经常是不可逆的，不仅破坏了一定区域生态系统的平衡，威胁食物链的部分环节，同时森林山火会带来大量的烟尘，短时间内释放的巨大热能对区域微气候造成影响，并对人力物力财力都是一大损失和消耗。

以青海省省会西宁为例，其森林火灾主要发生在每年的11月份到次年的4月份，火情高发期集中在2～4月份，主要火源包括烧垦、烧荒、烧灰积肥、牧草火烧、清明墓地祭祖等，一般的火源来源集中在吸烟、烧山驱兽、副业烧垦等。

近年来西宁市发生的几次森林火情，都对区域林地生态系统造成了难以修复的损失，不仅烧毁林木、危害野生动植物生境，还会引发水土流失和空气污染。因此，森林山火也是西宁山体生态系统修复防范的重要类型之一。

第五节　山地生态修复主要内容

一、山地地质灾害防治

地质灾害是自然因素和社会因素的耦合体，其形成是致灾作用与受灾对象相遭遇的结果。山地地质灾害主要包括崩塌、滑坡、泥石流三个灾种。据相关统计显示，这三类灾害占山地灾害总量的80%以上。

地质灾害的发生也是一种生态过程，山地地质灾害防治可通过山体生态安全格局构建、规划统筹、工程技术治理三个层面进行。

从山体生态格局构建和管控策略出发，基于生态风险空间动态评价研究不同年份的山体生态风险动态变化趋势确定生态格局，进而确定核心保育区、协调优化区、边缘修复区等进

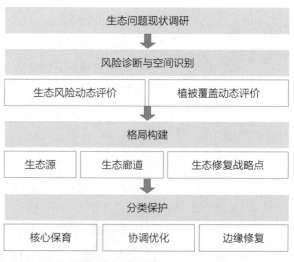

图3-6　基于生态风险空间识别的城市山体生态修复分类保护框架（张峥　绘）

行分类管控[81]。

从国土空间总体规划到详细规划，在不同规划层面提出灾害防治策略：如在总体规划阶段，择优选择建设用地，城市总休布局结构应与灾害的防治相协调，划定山体限建区、禁建区。详细规划阶段则是分析用地性质和开发强度对于地质灾害的影响，可结合城市修补对山体风貌的管控。

工程技术侧重的是灾害即将发生或发生后的补救措施，具体的处理措施比如通过打桩、筑墙等技术方法加固潜在灾害区域，避免灾害的发生。

二、水土流失生态治理

水土流失是地形、土壤初始含水率、温度、降雨、植被等多种因素相互影响和制约的集中表现[82]。水土流失的诱因是多方面的，常见的原因包括裸露地表、植被大量减少，以及滑坡、崩塌、泥石流等地质灾害的诱发。由于我国国土面积广阔，不同区域水土流失产生的原因也有一定差异，在进行水土流失生态修复时，需要对其内在成因进行细致分析，从而采取更有针对性的修复治理策略。

一般而言，针对裸露山体引发的水土流失治理重点是进行植被修复，增加裸露地表的植被覆盖，以减少源头水土流失的发生。而植物保持水土作用的大小，不仅在于植物本身，还取决于植物组成群落的复杂程度。李先琨等[83]在喀斯特地区开展生态恢复试验，采用乔、灌、草多层结构的天然林，实验结果表明这种方式取得良好的水土保持效益。因此，合理配置植物群落结构能有效防止水土流失。

对于滑坡、崩塌、泥石流等地质灾害所引发的水土流失，除了生物措施外，还需要强化工程防护措施，设定挡墙、固定支架等工程以减少地质灾害产生的可能性，进而避免水土流失发生。

此外，利用水文过程中的"源头—径流—汇"理念，合理布局浅草沟、蓄水池、湿地净化等"海绵体"设施，也是水土流失治理的常见措施。

三、废旧矿山生态修复

矿山开采是一个工业时代的印记，是一代工人的劳动记忆承载空间。随着我国生态文明体制建设逐步提上日程，废旧矿山生态修复成为区域山体生态环境治理的重点。

　　目前，国内外在废旧矿山治理模式和治理内容上已有较多探索和尝试，较为成熟的模式主要有两种，一是废旧矿山直接复绿模式，二是废旧矿山改造再利用模式。

　　（1）废旧矿山复绿模式

　　废旧矿山复绿模式是对矿山开采后遗留的废弃矿坑以复绿种植为目标，采取土壤治理、边坡防护、植被种植等一系列工程技术手段，对废旧矿山进行系统治理。具体内容包括矿山地表土壤治理、破损矿山山体修复、废旧矿山植被修复等。

　　矿山地表土壤治理是采用物理的、化学的、生物的方式对废弃矿山中土壤基质进行改良，修正土壤的pH值，平衡土壤中的营养元素，使土壤恢复到可供植被生长的健康状态。破损矿山山体修复重点是对矿山裸露的山体、崖壁等陡峭地形进行修复，具体修复需根据矿山山壁的基质类型和坡度而定。矿山植被修复是综合评估矿山的生态环境，选择生长速度较快、生存能力较强的乡土植被物种进行植被复绿。

　　我国的矿区环境修复工作始于50年代，20世纪50～70年代处于自发探索阶段，进入20世纪80年代，从自发、零散状态转变为有组织的修复治理阶段[84]。在废旧矿山的生态修复研究与实践方面也取得了较为突出的成果，其中比较成功的案例有南京幕府山废旧矿山修复、重庆铜锣山废旧矿山修复、上海辰山矿坑公园修复等。

　　（2）废旧矿山改造再利用模式

　　废旧矿山改造再利用模式主要针对具有一定规模、一定地形地貌特色、交通便利的废旧矿山区域所采取的修复，按照利用方式的不同又可区分为生态游憩模式和遗产纪念模式。

　　生态游憩模式是通过废旧矿山的环境整治，恢复矿山生物多样性和生境，形成优美的生态景观环境，把废旧矿山改造成生态主题的郊野游览园区、主题公园等，为城市居民提供丰富的游憩资源，并促进区域经济发展。遗产纪念模式是选择具有代表性的废弃矿区，通过生态修复保留部分矿区采矿工艺设施和文化景观要素，将废弃矿山改造为城市工业文明记忆场所、遗产公园、博物馆等科普文化设施以及工业旅游目的地。

　　此外，从城市建设用地的角度，废旧矿山的生态修复可以将采矿用地所占用的建设用地指标进行挖潜和置换，修复后的废旧矿山以非建设用地的形式，腾挪替换原有建设用地指标，进行国土区域范围内用地指标的转换，避免了建设用地的指标零碎分布，有利于城市建设土地集约节约利用。

四、裸露山体生态修复

裸露山体生态修复是山体生态修复的又一大表现类型。前文已对裸露山体产生的内在逻辑进行了解读，裸露山体生态修复的基本任务是保持边坡稳定和恢复边坡植被，最终目标是恢复原有生态系统的结构和功能[85]。具体修复对象分为天然裸露山体和人为裸露山体两种类型，其修复侧重点各有不同。

（1）天然裸露山体修复

天然生成的裸露山体往往连片存在，且所在区域具有降雨量较少，日照充足，地表土壤质地疏松脆弱的特点，容易在强降雨条件下产生水土流失，以及在强风天气下产生沙尘风暴。针对此类裸露山体修复时，重点是增加土壤地表的植被覆盖，通过植被固定土壤，防止疏松脆弱地表进一步随水流或风沙减少。

此外，结合"海绵体"工程理念，对坡度较陡的天然裸露山体进行地形平整，整理成台地或缓坡地，并根据阴坡、阳坡的不同微气候特性，选择不同的植被修复种植方案。

天然裸露山体修复工程较常见于我国西北地区，以陕西、甘肃、青海等几个黄土高原交错地区为主，所采用的生态工程治理以恢复生态学、景观生态学原理为依据，最终实现既能恢复生态功能，又尽可能地发挥土地使用价值的目标。

（2）人为裸露山体修复

人类建设活动中产生的裸露山体短时破坏强度较大，根据工程建设的时序不同，可以分为建设中修复和建设后修复两个环节，根据裸露山体基质的不同，又可分为裸露岩石边坡修复和裸露土壤边坡修复。

图3-7　裸露山体生态修复分类及内容框架（张峥 绘）

　　建设中的裸露山体修复是将裸露地表对生态环境的影响尽量减少的一种措施。在工程建设过程中，通过增设边坡防护网固定地表，减少裸露地表水土流失的风险。但这种修复方式会增加工程成本，且修复效果不佳，在实际修复治理中，应用较少。

　　建设后的裸露山体修复是在修复工程开挖结束后，对裸露山体采取修复的方式，矿山开采的裸露山体修复就属于建设后修复。修复的主要措施包括边坡防护网固定、种植槽平整、种植土回填、植被种植等。在具体修复过程中，需要根据裸露山体基质类型，分为岩石裸露坡地、土壤裸露坡地两种类型，选择不同的种植槽平整方式，以及不同的植被种植方案。

五、火烧迹地修复与森林火情防控

　　山火作为一种自然地理现象，兼具破坏性和生态性的双重特性。山火是林地生态系统重要的干扰因子，对林地生态系统的演替和发展具有重要影响。森林山火后遗留下大面积的火烧迹地，破坏林地大气、水域和土壤环境，并破坏了动植物生存生境，短期内会打破林地生态系统的平衡。相关研究和实践表明，对于火灾破坏后的火烧迹地修复，人为干预的造林更新工作具有非常积极的作用。

　　火烧迹地的生态修复主要采用自然演替和人工演替相结合的方式，以恢复火灾之前林地生态系统环境为目标，通过遥感技术和GIS技术手段，重点对火烧区域的植被类型、林木结构、火烧程度、土壤以及地形微气候进行分析，根据森林火情后植被生长阶段，寻找对应的植被修复更新方案。而正确选择造林模式是实现土壤恢复、建立稳定植物群落的重要手段。

　　除对火烧迹地进行修复外，对于青藏高原这类生态脆弱地区的森林山火防控同样重要。由于森林山火的发生具有一定随机性，其防控的主要目标是降低森林山火对林地生态系统的破坏，减少或降低森林火情发生的频次。具体的防控形式包括设置防火隔离沟或防火隔离带，利用地形高差设置梯度形的森林灭火取水点。对生态重要性极高的地段可以根据经济条件进行直升机灭火，在林地合适的区域设置消防停机坪或消防取水设施。

第六节　山地生态修复的评估方法

生态修复效果的评估发展经历了三个时期，即效果评价、效应评价和效益评价，三种观点侧重点不同。效果评价侧重于既定目标或参照系统对比，评估生态系统组分、结构、格局的恢复情况。效应评价侧重生态系统修复对其他生态系统产生的利弊影响分析。效益评价侧重于生态系统修复所带来的生态效益、社会效益以及经济效益。

目前，我国已开展的众多生态修复工程较为注重前期的工程投入和具体修复建设，对后续的生态修复效果关注相对不足。

在众多生态修复类型中，土壤污染修复有法律条文明确规定了修复后需要进行土壤安全评估后才能再次使用。污染水体的修复因为相关数据容易获取，通常会有动态的水质环境监测数据和生物多样性观测数据，以确保水质达标率和生物多样性的恢复，比如国内外众多湿地生态公园就有此类动态观测数据。而针对山地生态修复效果的系统性评估，在目前生态修复体系中尚不多见。

山地生态修复由于涉及因素较多，类型复杂多变，其生态修复效果的评估除采用传统的景观生态学评估法、恢复生态学评估法外，比较适用的方法还有综合模糊评价法。

一、景观生态学评估法

景观生态学是生态学的分支学科，是研究一定区域范围内，多个生态系统组合成的不同景观空间结构、格局、功能间的相互作用关系，以及景观系统与生物之间、人类活动之间相互影响结果的学科[86]。景观生态学的评价方法主要包含两个层面，一是对景观生态系统空间结构的影响分析，二是对景观生态功能与稳定性的影响分析。生态修复效果的评估在景观空间结构和景观功能稳定性两个层面都有涉及。

生态修复作为景观系统中的一个生态过程，是由气候、土壤、降雨、地形、植物、动物、微生物、人类活动等多个因素在时间维度下的共同影响的生态过程。目前，在对生态修复效果进行评价时，从景观空间结构的影响层面，尚无十分成熟的方法，较为常用的是计算优势度值，通过计算植被的密度（Rd）、评率（Rf）、景观比例（Lp）三种参数，对生态修复区域在一定景观区域的空间结构重要程度进行评估。

在景观功能稳定性层面，评估生态修复效果的方法侧重于生物功能恢复能力、抗干扰能力的评价，具体评估方法包括景观多样性指数计算、优势度指数计算、生态环境质量计算、综合评价指数计算等。

二、恢复生态学评估法

恢复生态学主要致力于那些在自然灾变和人类活动压力下受到破坏的自然生态系统的恢复与重建，它是最终检验生态学理论的判决性试验。它所应用的是生态学的基本原理，尤其是生态系统演替理论[87]。恢复生态学在加强生态系统建设、优化管理以及生物多样性的保护等方面具有重要的理论和实践意义。

任海、彭少麟等人在著作《恢复生态学导论》中对恢复生态学的内容作了系统阐述，包括退化森林生态系统、退化草地生态系统、退化农田生态系统、退化海岛生态系统、退化水生态系统、退化湿地生态系统等，但对生态恢复的评估论述较少。

近年来，随着全球地质灾害的频繁发生，灾害生态系统恢复评价开始成为生态恢复学中重要研究热点之一。灾害生态系统恢复评价主要对森林火灾、地震灾害、水土流失、滑坡、崩塌、泥石流等地质灾害发生后系统恢复情况进行评估，侧重于灾后经济损失、灾后生态系统恢复状况等层面。灾害生态恢复评价已在多个大中小型生态灾害修复中得到应用，我国2008年"5·12"地震灾后生态恢复评价工作中就采用了这种评估方法。

三、综合模糊评价法

模糊评价法又称模糊综合评价法（Fuzzy Comprehensive Evaluation Method），是一种基于模糊数学对由多个因素共同影响。因被评价对象受多个因素共同影响，且各因素边界难以有效界定，采用对不易定量的多因子进行量化，从而构建模糊评价函数关系和模糊关系矩阵对多个因素等级情况进行综合评估的方法。

本书中山体生态修复包含废旧矿山、水土流失、裸露山体、森林火情等多个影响维度，每个维度又包含着多个影响因子。以废旧矿山为例，其生态修复影响因子包括矿山破损度、植被覆盖度（NDVI）、景观破碎度和土壤因子等，每类因子又根据矿山所在的区域环境有不同的变量因素。因此，综合模糊评价法较为适用山体生态修复效果的综合评估，在本书第五章中将会有具体描述。

四、生态足迹评价法

生态足迹（Ecological Footprint）方法是得到世界自然基金会认可的一种衡量自然资源利用可持续性的方法。生态足迹法从需求面计算生态足迹（消耗的物质能源所需要的土地面积），从供给面计算生态承载力（该地区所能提供的土地面积），通过对这两者的比较，评价研究对象的可持续发展状况。生态足迹法可将土地按生态生产性分为可耕地、草地、森林、建筑用地、水域、化石燃料地等6个种类[88]。生态足迹法可将各类生态生产土地面积进行加总，从宏观上认识区域自然系统的总需求。该方法具备基础资料易获取、计算过程简便、结果直观等优点，在区域可持续发展、生态安全等多个领域有着广泛应用[89-90]。

生态足迹法可用于区域生态修复评估效果的前后对比分析，通过筛选影响可持续发展的关键因素并构建生态足迹模型，定量分析评价生态足迹和生态承载力，通过计算人均生态足迹和人均生态承载力、生态足迹指数（EFI），评价区域生态承载力的前后变化特征。

Chapter IV

Exploration and Practice

第四章

探索与实践

本书以西宁市南北山山体生态修复为实证案例，基于南北山地区30余年持续不断的山体生态修复工作实践，尝试系统解读城市山体生态修复工作中所面临的各类问题和具体策略方法。通过构建"现状认识—问题表述—过程模拟—策略方法—工程实施—成效评估"的山体生态修复工作框架，本书对西宁市南北山面临的废旧矿山、裸露山体、水土流失、森林火情四大生态问题，开展现状认知分析、生态问题识别和生态过程模拟分析，并根据实际建设问题提出具有针对性的修复策略方法，为开展具体的生态修复工程建设提供指引。

本章内容是对西宁南北山30余年山体生态修复工作实践的回顾和总结提炼，将重点对"现状认识—问题表述—过程模拟—策略方法—工程实施"内容进行展开讲述，生态修复的实施成效评估会在第五章内容中有详细说明。某种程度上，本章内容尚不足以完全涵盖城市山体生态修复面临的各类复杂问题类型，但也可以一窥山体生态修复地方实践的基本面貌。

第一节　山体生态修复模型框架

一、国内相关生态修复工作要求

当前，随着我国国土空间规划"五级三类"体系的建立和全国省市层面国土空间规划工作的深入推进，国家部委、各省市立足自身自然资源特点和工作需要，先后出台面向省级、市级、县级等不同层级生态修复规划编制的指南，如在省级层面，四川省、广东省、江苏省先后出台了国土空间生态修复规划工作的编制指南，但其侧重点不同。

在国家层面，自然资源部于2020年9月印发了《关于开展省级国土空间生态修复规划编制工作的通知》（自然资办发〔2020〕45号），明确了国土空间生态修复的基础工作包括综合评价、重大问题研究、信息系统建设等三大方面，在规划编制工作中注重总体布局谋划以及修复目标指标的确定，强调因地制宜、分类统筹的科学修复方法应用。

表4-1　国土空间生态修复相关规划编制指标内容汇总表

序号	指标类别	主要指标	文件名称
1	总体保护类	林地保有量、湿地面积、自然岸线保有率、生物多样性指数	《县级国土空间生态保护和修复规划编制指南（江苏）》
	系统修复类	新增生态修复面积、矿山地质环境治理面积、自然灾害损毁土地复垦面积、造林面积、修复退化湿地面积、河湖岸线生态修复长度、污染地块安全利用率	
	综合提升类	高标准基本农田建设面积、地表水国控断面水质优良率、人均公园绿地、村庄绿化覆盖率	
2	生态质量类	重要生态系统保育保护率、生物多样性、自然岸线保有率、河湖生态流量、重要河湖水功能区水质达标率、植被覆盖率、水源涵养量、水土保持量、防风固沙量、生态廊道连通性、城镇建成区生态用地占比	《关于开展省级国土空间生态修复规划编制工作的通知》（自然资办发〔2020〕45号）
	生态治理类	自然恢复治理面积、水土流失治理面积、可治理沙化土地治理率、退化草原治理率、河湖海岸线生态修复长度、湿地修复治理率、国土绿化覆盖率、历史遗留矿山综合治理率、耕地生态修复面积、外来入侵物种治理率	
3	生态保护类	生态保护红线面积、自然保护地占比、国省重点保护物种及四川特有物种有效保护比例、森林覆盖率、基本草原面积、湿地面积、重要河湖自然岸线保有率、耕地保有量	《市级国土空间生态保护和修复规划编制指南（四川）》
	生态品质类	天然林保有量、森林质量提升面积、森林蓄积量、湿地保护率、草原综合植被覆盖度、半自然生境占比、城镇开发边界内人均公园绿地面积、城区公园绿地、广场步行5分钟覆盖率、绿色矿山占大中型生产矿山比例、生态廊道新增建设面积	
	生态改善类	自然恢复治理面积、野生动物重要栖息地面积增长、生态退耕面积、退化耕地修复面积、新增治理退化草原面积、新增湿地修复面积、生态恢复岸线长度、新增水土流失综合治理面积、新增石漠化综合治理面积、历史遗留矿山综合治理面积	
4	生态质量类	生物多样性保护、森林覆盖率、林木蓄积量、重要河湖水功能区水质达标率、重要生态系统保育保护率、生态廊道连通性、水土保持率等	《广东省国土空间生态修复规划（2020-2035年）编制工作方案（广东）》
	生态治理类	自然保护地面积比例、湿地保护率、自然恢复治理面积、新增水土流失治理面积、历史遗留矿山综合治理面积、生态恢复岸线长度、湿地修复治理率、外来入侵有害物种治理率	

在省级层面，广东省于2020年3月率先在全国印发首个省级层面生态修复专项规划工作方案——《广东省国土空间生态修复规划（2020-2035年）编制工作方案》，规定了开展生态系统综合评价、确立生态修复目标体系、谋划生态修复空间总体布局、部署生态修复重大重点工程、明确生态修复实施和传导机制、开展特色专题研究等六大核心工作任务。

面向市级的生态修复规划编制中，四川省于2021年2月印发《四川省市级国土空间生态修复规划编制指南（试行）》，突出自然地理和生态系统特征，以各市（州）级国土空间总体规划分区为依据，划分市（州）级国土空间生态修复分区，明确重点修复区域，区分生态、城镇、农业等三生空间生态修复主要工作内容和修复时序安排。

面向县级的生态修复规划编制中，江苏省于2021年5月印发《县级国土空间生态保护和修复规划编制指南（试行）》，从生态空间、农业空间、城镇空间三个方面指引各区县开展生态修复的调查评价与分析、协调论证、规划内容等工作，并对国土空间生态修复专项规划的工作报批提出指引。

在生态修复规划指标方面，纵观目前国内各省市生态修复规划相关工作指引，其关注的重点为生态质量提升、恢复治理两大维度，并作为国土空间总体规划的补充。

二、西宁山体生态修复模型构建

西宁市南北山地区在30余年的山体生态治理和修复中逐步形成了一套较为成熟的山体生态修复模式，即立足于不同的山地地形地貌，采取差异化的土地平整工程，在适地适树的原则下配植适宜的林地植被，并进行长期的后续管养维护工作。在此期间，形成了社会各事业机关团体共同参与的"全民共享"参与生态修复模式，在国内同类型地区和城市山体生态环境治理修复过程中开创了先河。

在构建美丽国土的宏大愿景下，国土空间尺度的生态修复工作基本遵循了"认识现状—发现问题—明确目标—提出策略—行动指引"的工作路径。借鉴参考卡尔·斯坦尼兹于1990年提出的景观生态分析的六步框架，探究分析西宁南北山山体生态修复过程，立足西宁自然山体生态特点，提炼总结出"现状认识—问题表述—过程模拟—策略方法—工程实施—成效评估"的西宁山体生态修复模型框架。形成"自上而下"及"自下而上"循环往复的分析研究路径，强调现状生态问题分析的可读性、可理解性，并基于地理空间数据加强对生态过程的分析和生态问题的描述，形成了现状认知模型、问题表述模型、过程模拟模型、策略改变模型、成效评估模型五大模型框架，对开展生态修复分析提出了较为系统的"点—线—面"结合的分析路径。

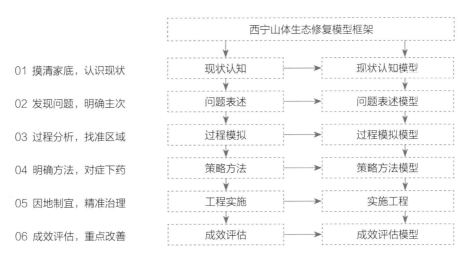

图4-1 山体生态修复的模型框架（王小兵 绘）

1. 第一步：现状认知

现状认知是对现状自然生态环境的表述，包括自然地理特征和山水林田湖草自然资源现状。具体的分析方法包括：自然、历史、人文等文献资料综述梳理，基于"3S"技术开展的地形地貌、生物多样性、土地利用等本底数据提炼分析，通过现场踏勘调研和感知体验、部门座谈及问卷调查等配合开展。

自然资源部于2020年9月印发了《市级国土空间总体规划编制指南（试行）》，明确将"分析自然地理格局"作为国土空间规划的基础工作之一，重点研究当地气候和地形地貌条件、水土等自然资源禀赋、生态环境容量等空间本底特征，这为开展国土空间生态修复规划提供了基础分析支撑。

2. 第二步：问题表述

问题表述是开展生态修复工作的基础工作，只有抓准了一个地区的生态问题，才能有针对性地识别生态修复重点区域和提出生态修复策略，开展精准的生态修复工作。问题表述的工作方法包括"3S"分析法、归纳法、文献对比法、现场踏勘法、座谈总结法等。

3. 第三步：过程模拟

过程模拟分析是开展生态修复工作的关键环节，通过对研究区域自然过程、生物过程和人文过程的系统模拟，构建阻力面模型，识别研究区域生态问题的重要区域，并评判各类生态问题区域的高、中、低三类安全格局，以使精准指引生态修复工作的开展。

4. 第四步：策略方法

策略方法是对识别出的重要生态修复区域和重点生态问题提出差异化的生态修复治理的过程。生态修复策略的提出要满足因地制宜、系统统筹、分类分级的要求，按照宜林则林、宜耕则耕、宜草则草的原则，推动山水林田湖草生命共同体的建设。

此外，生态修复策略的提出也是践行"绿水青山就是金山银山"生态文明理念的重要抓手，需要探索如何通过生态修复方法提升绿水青山生态价值，探索"两山"[1]价值转化路径。

5. 第五步：工程实施

工程实施是生态修复工作的具体落地抓手。在现状认知、问题分析、过程模拟、策略方法的基础上，按照生态修复目标和生态修复问题"双导向"原则，提出的有针对性、实用性、经济性、可操作性的一系列生态修复工程，采用物理的、生物的、化学的综合生态修复方法，开展生态修复工程建设。

6. 第六步：成效评估

目前各类生态修复工作中对生态修复的要求更多侧重于生态修复工程，指引地方生态修复的实施，但对生态修复后达到的修复成效考虑不足。本书在生态修复各项基础工作和工程实施的基础上，提出开展生态修复成效评估。作为生态修复模型框架的最后一环，成效评估通过对不同维度生态修复指标的纵向、横向对比，评判生态修复工作是否达到预期效果。这一阶段工作不作为国土空间生态修复规划工作的必备内容，可作为专项研究同步开展。

第二节　现状认知——
西宁山体生态现状描述

西宁是青海省省会和青藏高原门户城市，地处青海省东北部日月山东麓

---

1 "两山"价值转化是依据习近平生态文明思想中"绿水青山就是金山银山"理念，探索如何将"绿水青山"转化为"金山银山"。

的湟水谷地，是青藏高原和黄土高原的过渡地带，具有系统抗干扰能力弱、边缘效应显著、环境异质性高、时空波动性强和易发生自然灾害等青藏高原生态敏感性特征。同时，也存在大面积湿陷性黄土地，常年面临风沙侵蚀和水土流失等生态问题。

西宁市全市土地总面积7606.78km^2，境内地形复杂，山地面积接近6900km^2，占西宁市域总面积的90%以上。从山脊到河谷依次形成高山、中山、低山、丘陵、阶地、河谷等地貌类型。丰富的地形地貌塑造了多样的山体结构，但也存在着多种生态环境问题，包括废旧矿山、裸露山体、水土流失、森林火情等多种类型。相较于国内其他"生态修复"试点城市，西宁市面临的山体生态问题更具复杂性和综合性。

一、西宁自然地理特征

（一）气候条件

西宁市属大陆性高原半干旱气候，主要气候特点是气温温凉，气温的日较差和年较差均大，白天气温高，春季和秋季降温迅速；降水不足，高度集中，水热同期；风大、蒸发强烈；日照长，辐射强，气候有一定的垂直差异。西宁市域多年平均气温为3~6℃，年平均最高气温13.5℃，最低气温-0.3℃；极端最高气温34.5℃，极端最低气温-26.6℃。全年气温日差大，年差小，在地域分布上由东向西递增，垂直变化也比较明显，年平均气温相差3~5℃。全年无霜期140~170天，全年日照时数在2560~2830小时之间。年太阳总辐射量为6123.7kJ/m^2，多年平均气压约755毫巴。

（二）地形地貌

西宁市地处青海省东北部日月山东麓的湟水谷地，地形地貌兼具青藏高原和黄土高原二者特点。在地质构造上属于祁连山地槽褶皱系西宁中生代断陷盆地，境内山峦重叠，河流沟岔纵横切割严重，主要山脉由冷龙岭—大通河—达坂山—湟水—拉脊山—河湟谷地—黄河南诸山脉组成，地貌复杂，市域范围总体地势西北高，东南低，呈现"四山夹三河"的地势分布，河湟区多为宽谷土壤肥沃的盆地。

海拔高程：西宁市境内地形复杂，从山脊到谷底依次形成高山、中山、低山、丘陵、阶地、谷地等地貌类型。市域地形最高处海拔达4898m，最低为2170m，平均海拔2295m，相对高差达到2728m。市域境内高山、丘陵交错分布，起伏高低悬殊，地形复杂多样。高山地区由古老变质岩、火成岩构成，岩石裸露。

坡度：西宁南北两侧山地地势险要，坡度差异明显。根据西宁市域地形结构，可将坡度分为6个等级：平坡（0~3°）、平缓坡（3°~7°）、缓坡（7°~15°）、缓陡坡（15°~30°）、陡坡（30°~45°）和险坡（≥45°），分别对应谷地、阶地、丘陵、低山、中山、高山6种地貌。其中，缓坡（7°~15°）和缓陡坡（15°~30°）区域占比最大，分别占西宁市域面积的28.5%、43.0%，表明西宁广大区域是以缓坡和缓陡坡为主的丘陵山地。平坡和平缓坡主要集中在河谷地带，是城市建设用地主要集中地带。

坡向：西宁市域地势西北高，东南低，其中南山多为凹形岗地，地形南高北低，以阴坡为主；北山多为凸形岗地，北高南低，以阳坡为主。不论南山北山，山势走向明显，岭谷分明。其中阴坡占比39.7%，面积达到3034.6km²，阳坡占比为60.3%，面积达到4614.4km²。阴坡受降雨和蒸发影响较小，植被生长趋势良好，与阳坡植被长势差异明显。

（三）土壤现状

西宁地区属温带干旱草原、草原化荒漠地带，土壤类型多样，根据《全国第二次土壤普查暂行技规程》和《补充规定》中有关土壤分类的意见，共有12个土类，19个亚类，16个土属，39个土种，其空间分布具有明显的集聚特点。自高海拔至低海拔区土壤类型依次为高山石质土、高山荒漠土、高山草甸土、山地草甸土、灰褐土、黑钙土、栗钙土、灰钙土、沼泽土等；同时亦分布有北方红土、灌淤土、潮土等多种非地带性土壤类型。西宁地区土壤主要发育在黄土性母质上，其次是坡残积母质及第三系红土母质，土壤贫瘠干旱，保水、保肥能力差，植被稀疏，水土流失较严重。土壤pH值在7~8之间，土壤理化性质呈碱性或微碱性，土壤含水率在6%~10%之间，冬季冻土层最厚达1.34m。

二、西宁生物多样性

1. 植被资源

西宁市域植被区系属青藏高原植物亚区的唐古特地区，植物种类较为丰富，共有维管束植物99科449属1140种。其中较大科为菊科和禾本科，分别含26属36种和15属24种，其次是豆科、藜科和毛茛科。在城区分布的自然植物中，有16种灌木和半灌木，草本主要有针茅、芨芨草、冰草、骆驼蓬、委陵菜、固沙草等。

西宁植被群落组成和垂直带谱简单，具有显著的次生性质。市域典型植物群落有短花针茅＋蒿类，短花针茅＋赖草、细裂叶莲蒿＋赖草、针茅等。天然乔木林中主要生长有白桦、山杨、青海云杉、祁连圆柏，天然灌木以金露梅、锦鸡儿、高山柳、绣线菊、小檗、蔷薇等植被为主，人工种植的乔木以青杨、白榆、白桦、云杉、油松为主，人工种植的灌木主要以柠条、沙棘、怪柳、枸杞为主。草本植物主要有针茅、芨芨草、冰草、骆驼蓬、棘豆、菱陵菜、猪毛菜、固沙草等。植被群落组成和垂直带谱简单，具有显著的次生性质。河谷盆地为农作区，以麦、豆、薯类植被为主，兼有油料、蔬菜类作物。

图4-2 西宁典型植被图谱

森林资源：全市林业用地主要集中分布在高山和中高山区，低山、川水地区则分布较少。境内平均森林覆盖率为28.6%，但空间分布极不平衡。森林树种以杨、柳、榆、松、桦、云杉等为主，其他野生植物资源160余种。另外，西宁市现有林场6处，分别为西宁市湟水林场、西山林场、湟源县东峡林场、南山林场、湟中区蚂蚁沟林场、大通县实验林场，林场均有一定的基础设施，近年来在林牧维育、森林防火等方面取得较为突出的成效。

2. 动物资源

西宁市有陆生野生动物71种，其中鸟类45种，兽类22种，两栖爬行类4种；国家I级保护野生动物3种，国家II级保护野生动物16种，列入CITES公约保护的濒危野生动物33种。境内野生动物主要分布在人类活动比较少、自然条件相对严酷的高山沟壑地带，且野生动物的种类和数量呈现逐年增长的趋势。

图4-3 白肩雕

图4-4 马麝

图4-5 白唇鹿

图4-6 斑头雁

常见草原鸟类有小云雀、角百灵、褐背拟地鸦、白腰雪雀、棕颈雪雀等。湿地鸟类主要有黑鹳、蓑羽鹤、斑头雁、灰雁、赤麻鸭、白鹭、绿头鸭、棕头鸥、鱼鸥、鸬鹚等，多为春秋两季栖息的候鸟[1]。

第三节 问题表述——西宁山体生态问题分析

问题表述模型是通过"3S"技术、调研踏勘等相关分析法对各类生态问题进行系统分析和模拟，从而精准把握生态修复工作的核心对象和要点。本书在对西宁市区及大通县、湟中区、湟源县等地现场踏勘及基础数据分析的基础上，提炼总结西宁市域山体面临的主要问题为废旧矿山、裸露山体、水土流失、森林火山火等四个方面。

一、废旧矿山问题

（一）废旧矿山现状

青海省地质环境监测总站曾在2017年对西宁市域范围内废旧矿山进行全面普查，共普查出西宁市域范围内废旧矿山33处，总占地面积167.45ha，分别分布在湟中区（13处）59.72ha、大通县（12处）86.83ha，湟源县（8处）20.9ha，中心四区内无废旧矿山分布。

从类型上看，西宁市废旧矿山主要为建筑工业采石用矿，包括冶金用石英岩废旧矿山、建筑用砂废旧矿山、建筑用石料废旧矿山、水泥用石灰岩废旧矿山、砖瓦用黏土废旧矿山、水泥用黏土废旧矿山、萤石（普通）废旧矿山、铁矿废旧矿山、钾长石废旧矿山等。

（二）废旧矿山生态问题

西宁市现有矿山开采方式多为露天开采，对矿区周边生态环境影响较为

1　数据来源：《青藏高原现代林业科技产业示范区建设总体研究（2011—2015 年）》，西宁市林草局

明显，容易带来山体植被破碎化、水土流失等地质灾害风险，在矿山废旧后易引发一系列生态环境问题，需要进行妥善治理。

废旧矿山的存在对地形地貌景观及土地利用造成较为严重的破坏，留给城市的是破碎和裸露的地表，对城市生态与景观的影响较大。矿山开采过程中采用露天开采方式，矿山建设与采矿活动使得原有的地形条件和地貌特征发生了改变，造成了山体破损、岩石裸露、植被破坏等现象，对原生地貌景观产生了严重破坏，同时诱发的一系列景观生态问题对西宁市山体生态完整性构成威胁。

图4-7　露天采矿废旧矿山

图4-8　露天采砂废旧矿区

图4-9　采石破损山体

图4-10　砂石矿开采破损山体

二、裸露山体问题

（一）裸露山体现状

西宁市裸露山体是在长期的高原高寒半干旱气候条件下，受风沙侵蚀和土壤固土保土能力的共同作用天然形成的，其形成过程有着地壳运动导致地理抬升的历史地质构造原因。西宁地处黄土高原与青藏高原的过渡地带，气候干旱，年降水量主要集中在 6～9月份。由于地表缺乏植被的有效拦截，降水直接冲击地面，而后迅速形成径流，容易造成山体水土流失。同时，受山体不同坡向雨水蒸发和常年太阳直射影响，在中山、高山地区的阳坡地段较为容易形成裸露山体。

本书通过自有程序算法，利用遥感解译手段，对西宁市15m精度的DEM进行分析，并采用Landsat8分析西宁市7～8月份植被覆盖度最高时段影像，进行NDVI（植被覆盖度）计算，共识别西宁市域自然裸露山体面积300余平方公里。主要分布于西宁市主城区南北两山两侧的阳坡地段，以及大通县、湟中区海拔较高的高山山体。

表4-2　西宁市域裸露山体空间分布表

序号	所在位置	面积（km²）	占市域裸露山体比例（%）
1	主城区	75.6	19.1
2	大通县	166.8	42.2
3	湟源县	63.4	16.0
4	湟中区	89.7	22.7
	合计	395.5	100

（二）裸露山体生态问题

西宁市裸露山体主要导致两方面的生态问题，一是影响城市景观风貌，二是容易诱发水土流失灾害等风险。

1. 影响城市景观风貌

裸露山体重点分布在西宁市主城区南北两山区域，且多为阳坡地段，呈现连绵分布趋势。此区域临近西宁市主要城市交通干道，包括浅山区周边的过境高速公路、国道、省道和青藏铁路轨道，是西宁对外展示城市风貌形象的主要通道，裸露山体的存在对西宁市城市景观风貌产生了较大影响，不利于塑造和展示良好的城市形象。

2. 容易诱发水土流失灾害

西宁市域范围内的裸露山体几乎无植被覆盖，由于常年受到雨水侵蚀和太阳直射，土壤环境较为脆弱。在每年6～9月夏季强降雨时节，容易形成集中地表径流并带来水土流失。长此以往，形成山洪沟等泄洪通道，对山体生态结构形成侵蚀和破坏，据统计，西宁市南北山地区发育的大小山洪冲击沟道多达200余条。在春季干旱多风时节，脆弱的土壤环境则容易形成沙尘风暴，对区域生态平衡造成严重影响。

三、水土流失问题

（一）水土流失现状

受自然条件、地形地貌、土壤结构等因素制约，西宁市多年来一直面临水土流失的困扰。

南北山及其周边丘陵区山高坡陡，植被较为稀疏，高海拔落差发育形成了众多山洪冲击沟道，土壤受侵蚀情况较为普遍，是西宁市水土流失较为严重的区域。据西宁市人民政府官网公布的数据显示，西宁年土壤侵蚀模数在$5000～8000t/km^2$之间，年平均土壤侵蚀总量在96.73万t左右[1]，属于水土流失中度侵蚀区。

受湿陷性黄土影响，西宁主要山体范围内沟道发育众多，各主沟道多呈"V"形，下切均较深，滑坡、崩塌风险隐患较高。每当暴雨来临，洪水、泥石流便随之泛滥。据青海省第二次土壤侵蚀调查统计，全市水土流失总面积$3321.6km^2$，占全市流域面积的43.42%。其中市区$162.43km^2$，大通县$1294.90km^2$，湟源县$806.46km^2$，湟中区$1057.8km^2$。严重的水土流失造成了生态环境的恶化，并危及浅山地区的城镇交通、工矿企业及人民生命财产的安全，对西宁社会经济的发展带来较为严重的安全隐患。

（二）水土流失生态问题

2000年以来，西宁市围绕水土流失治理、周边荒山植树造林为重点的"绿化"工程开展了一系列工作，包括南北山环城绿化工程、南北山三期绿

1　数据来源：《西宁市水土保持工作的现状与思考》，西宁市人民政府网站，2017

化工程、西宁市海绵城市建设系列工程等。通过持续的生态工程治理，南北山地区水土流失面积逐年稳步减少，为西宁浅山区域生态休闲产业和地区经济发展创造了良好的环境。但受西宁地形地貌和自然气候条件的约束，水土流失对区域生态环境的负面影响并未得到根治，局部山体滑坡、山洪冲击、水土流失和河道淤积等问题依然存在。

水土流失不仅破坏了西宁南北山区域生态环境的稳定，也制约着地区经济社会的发展。严重的水土流失造成了山洪沟道沟底下切，沟岸坍塌，侵蚀沟头不断前进，沟壑密度也不断增加，浅山地区的农田和土地成了跑水、跑土、跑肥的"三跑田"，带来农业生产能力的持续下降，造成耕地、村庄、道路被迫上山的"三上山"现象，使农林业生产的自然条件变得更加严酷。根据耕地分等定级的评价，西宁南北山区域耕地等级多为12～15等的低等地，常年粮食产量不足，农业产出收益低下，带来农户收入常年处于低位，制约了西宁地区经济长期稳定和可持续发展。

水土流失也会带来局部区域干旱。水土流失后的地表由于缺乏植被覆盖，土壤储水保水能力减弱，易引发水土流失区的干旱问题，干旱地表也会影响自然植被和作物生长，稀疏的植被带来固土能力减弱，又反作用于水土流失，二者互为因果，形成"植被稀疏—固土能力降低—水土流失加剧—植被进一步稀疏"的恶性循环。严重的水土流失如不加以控制，不但会带来当地生产生活环境的恶化，还会给下游地区的防洪清淤工作带来巨大的压力。

表4-3　西宁市水土流失面积统计表[1]

所在位置	行政面积（km²）	水土流失面积（km²）	占市域水土流失比例（%）	轻度	中度	强烈	极强烈	剧烈
主城区	457	162.43	35.54	67	36	10	1	0
大通县	3160	1294.9	40.98	11	307	331	89	2
湟中区	2559	1057.8	41.34	394	339	107	8	0
湟源县	1546	806.46	52.16	259	222	105	4	0

1　数据来源：西宁市2017年水土保持公报，青海省水利厅官网，2017

四、森林火情问题

（一）市域森林火情现状

森林火情的发生有三大要素条件：火源、燃烧物、燃烧适宜条件。

西宁市处于温带草原向温带荒漠的过渡地带，受地形影响，气温垂直变化明显，属典型的大陆高原半干旱气候，春季多风，夏季凉爽，秋季多雨，冬季干旱，冬春两季气候干旱降雨较少，是森林火情高发期。以MODIS卫星监测数据为基础，对西宁市2007-2017年森林疑似火源点数据进行系统梳理，开展森林火源点空间识别和时间分析。

从森林火灾空间分布来看，统计发现西宁市2007-2017年高风险火情区域70余处。其中，全域共识别大小疑似火源点4200余处，疑似火源点高度集中在大通县和湟中区，森林火情发生可能性比例分别为42.2%和36.8%，为高度火情风险区域。城北区、湟源县火情发生可能性比例分别为13.1%和4.3%，属于中度火情风险区域。城东区、城中区、城西区火情发生可能性比例分别为1.2%、1.7%和0.6%，属于低度火情风险区域。

从森林火灾发生时间上看，西宁山体火情发生可能性集中在每年的11月到次年4月，属于森林火险高风险时间段，需要进行严格风险防范，加大火险预警力度。此外，每年8～10月也有不同程度的火情发生，属于森林火险中风险时间段，每年5～7月为火情低频次发生时间段，森林火险风险较低。

单位：次

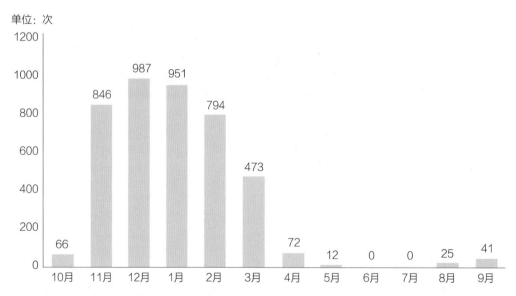

图4-11 2007-2017年各月份西宁森林火灾发生数量统计分析

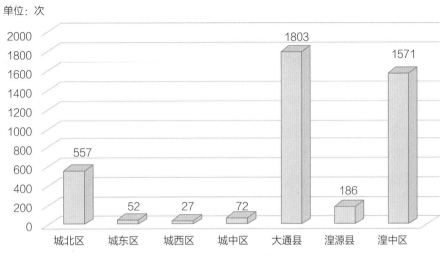

图4-12   2007-2017年西宁各区县森林火源点空间数量统计分析

（二）山体火情生态问题

根据分析，西宁市森林火灾风险区主要分布在市域东南和东北方向，此区域易燃物较多，植被指数相对偏高。其中，森林火情高风险区域集中在西宁几个大型林场区域，包括大通县的鹞子沟景区、北川河源区国家级自然保护区、湟中区上五庄林场、湟源县东峡省级森林公园等区域，以及中心城区范围内湟水林场、西山林场、南山植物园、动物园等区域。

此外，西宁南北山浅山地区存在较为集中的露天墓地区，春季清明节前后的坟场明火，也是引发山体森林火情的高风险来源。

表4-4   森林火情重点区域分布表

序号	所在位置	火情重点防治区域
1	中心城区	湟水林场、西山林场、植物园、动物园等区域
2	大通县	鹞子沟景区、北川河源区国家级自然保护区等区域
3	湟中区	上五庄林场等区域
4	湟源县	东峡省级森林公园等区域

第四节 过程模拟——
西宁山体生态过程模拟

生态修复通常会受到内外部环境、生态因子、人类活动等多维度因素的共同影响，需要通过不断的生态演替来达到理想的顶级生态群落，这一过程可通过生态模拟分析进行提前预判，为开展实际生态修复工作提供决策支撑。

西宁作为青藏高原地区大型的城市聚落，生态环境具有独特的高原特征。为更好地开展城市山体生态修复研究工作，本书立足于西宁市域生态环境特色，在充分研究和分析自然气候条件、区域生态环境特征、生态系统结构和生态环境演变机制的基础上，分别从废旧矿山、裸露山体、森林火情、水土流失等四个层面，模拟其自然生态过程，通过对各类生态问题内在运行机制的模拟，为山体生态修复决策和工程实施提供支撑和依据。

一、废旧矿山生态过程分析

生态保护要求的高低是判断西宁市废旧矿山采用何种修复方式的重要参考因素。

对位于生态敏感地区，具有较高生态保护要求和重要生态价值且周边拥有丰富的植被资源或重要的动物栖息地的废旧矿山，应采取严格的生态保护措施，禁止对废旧矿山进行二次开发。从林地类型和生态效益来看，对废旧矿山生态环境恢复具有正向影响作用的林地类型包括公益林、风景名胜区、自然保护区和人工防护林地，当废旧矿山临近这些区域时，应积极发挥林地生态溢出效应，严格实施废旧矿山的复绿修复工程。尤其对位于生态保护红线、自然保护地、生态极敏感区等区域的废旧矿山应严格执行。

在废旧矿山生态修复的模拟分析中，需根据废旧矿山生态影响的强弱关系，构建模拟分析指标库。从西宁现有废旧矿山类型和分布区域上，可选取废旧矿山面积、地形地貌、土壤类型、与城市交通干道的距离四大因子，通过GIS软件模型，开展西宁废旧矿山生态模拟分析。

西宁市现有摸查的33处废旧矿山主要分布于湟源、大通、湟中三地，中心四区范围内无废旧矿山分布。根据废旧矿山的类型及其距离城市主要交通干道的距离，通过视觉敏感性对废旧矿山进行分级分类，作为明确废旧矿山生态修复方式重要参考依据。其中，距离城市建成区和主要交通干道较远的，属于视觉敏感性较低的废旧矿山。与城市建成区距离适中或与城市主要交通干道距离适中，属于视觉敏感性一般的废旧矿山。与城市建成区距离较近或与城市主要交通干道较近，属于视觉敏感性较高的废旧矿山。

二、裸露山体生态过程分析

西宁市裸露山体受自然地形因子影响较大。

根据遥感解译识别出的裸露山体空间分布数据，以及西宁市原始DEM、降雨等数据，通过ARCGIS中3D分析模型，采用因子叠加分析法，对裸露山体自然过程进行模拟，分别对不同视觉敏感性、坡度、高程和土壤因子条件下的裸露山体进行生态过程分析，识别裸露山体生态安全格局。

表4-5　西宁市域裸露山体评价因子权重值

评价因子	视觉敏感性	坡度	高程	土壤因子
权重值	0.50	0.25	0.15	0.10

表4-6　西宁市域裸露山体敏感性评价分级标准[1]

分级	不敏感	轻度敏感	中度敏感	高度敏感	极敏感
视觉敏感性	通过GIS视线分析得到				
坡度	≤7°	7°~15°	15°~25° 或≥65°	25°~35° 或50°~65°	35°~50°
高程	2160~2500m	2500~2800m	2800~3300m或 4500~4780m	3300~3700m或 4100~4500m	3700~4100m
土壤类型	草甸土	沼泽土、灌淤土、草毡土	黑毡土、钙质石质土、灰褐土	栗钙土、黑钙土	冲积土
分级赋值	1	3	5	7	9

1　土地利用类型（LUCC）分级标准依据《生态自然功能区暂行规程》；土壤类型分级标准依据根据《全国第二次土壤普查暂行技规程》和《补充规定》；坡度、高程分级标准依据《水土流失保持技术规范》和《景观研究的环境学途径》。

（1）裸露山体低安全格局：主要位于西宁市中心城区南北两山的阳坡地段，与建成区距离极近，属于视觉高度敏感地区，裸露山体面积约2185ha。中心城区南北两山作为西宁主要景观风貌区，裸露山体坡度以陡坡和缓陡坡为主，土壤多为湿陷性黄土，在集中降雨和长时间降雨过程中容易造成水土流失，孕育多条山洪沟，具有水土流失高敏感性，需要根据土壤性质、地形坡度的不同采取差异化的生态修复措施加以修复。

（2）裸露山体中安全格局：主要位于湟源县、大通县城周边部分山体的阳坡地段，此区域畜牧活动较多，过度放牧对山体破坏较为严重，水土流失敏感性一般，在山体修复过程中需要避免畜牧和建设活动对山体的进一步破坏。

（3）裸露山体高安全格局：主要位于裸露山体中坡度平缓且高程较低的地区，此地段所占比面积较小，森林和草原交错分布，现状植被覆盖度较高，水土流失风险性相对较低。

三、山体水土流失过程分析

西宁属于典型高原山地城市，土壤环境相对脆弱，降雨集中在6~9月份，区域植被分布不均衡，加上高山坡地影响，部分地段存在较为严重的水土流失现象。

根据对南北山地区现状问题梳理，对比分析西宁市土地利用总体研究成果，通过Arcgis模型分析，对西宁市水土流失影响进行评估，选取土地利用类型（LUCC）、土壤类型、坡度、高程、植被覆盖度（NDVI）5个主要因子，运用德尔菲法和层次分析法，对5个因子影响程度的重要性进行评估打分。

考虑到西宁市典型的高原山地特征，水土流失与地表用地类型具有正相关性，所以对土地利用类型（LUCC）权重赋值最高，土壤类型及植被覆盖度（NDVI）对水土流失的影响力次之，而坡度和高程等地形因子的影响相对较小，赋值最低。

（1）山体水土流失低安全格局：主要位于主城区周边南北两山裸露山体地段，以及湟水河、北川河、南川河等河流谷地，此区域植被覆盖度（NDVI）较低，谷地两侧地形多以陡坡和阳坡为主，存在大量裸露山体，用地类型以旱地、园地、裸地居多，是人类活动主要区域，属于水土流失的高敏感地区，在区域山体生态修复过程中需要根据不同用地类型和坡度，采取相应措施逐步恢复。

（2）山体水土流失中安全格局：主要位于西宁市主要建成区周边的山体地段，此区域植被覆盖度（NDVI）一般，土地利用类型多为草地、村庄、有林地等，属于自然环境和畜牧生存的主要地段，人类活动轨迹开始减少，土壤类型多为草毡土、灰褐土和黑毡土。此区域地形坡度较为平缓，多位于海拔较低的谷地和阶地等浅山区域，水土流失情况一般。但需要避免人类建设活动对区域生态环境的破坏，尤其要维护好牧草平衡，缓解林牧矛盾，避免过度放牧对草场环境破坏而引发区域水土流失。

（3）山体水土流失高安全格局：主要位于大通县、湟源县、湟中区的高山植被覆盖度良好的地区，此区域土壤多为草甸土、沼泽土、灌淤土和草毡土，植被覆盖度（NDVI）指数高，多为有林地、灌木林地及风景名胜区等，是城市生态涵养、水土保持的重要区域，对维护整个区域的生态平衡具有十分重要的作用。在城市发展建设过程中需要严格管理，禁止过度开发建设对其造成破坏。

表4-7　西宁市域水土流失评价因子权重值

评价因子	土地利用（LUCC）	土壤类型	植被覆盖度（NDVI）	坡度	高程
权重值	0.30	0.25	0.20	0.15	0.10

表4-8　西宁市域水土流失敏感性评价分级标准[1]

分级	不敏感	轻度敏感	中度敏感	高度敏感	极敏感
土地利用类型（LUCC）	坑塘水面、有林地、居住用地、沼泽地、内陆滩涂	草地、水库水面、疏林地、村庄、城市、灌木林地、盐碱地、沟渠、风景名胜区	河流水面、水浇地、设施农用地、沟渠、管道运输用地	旱地、道路、园地、公路用地、工矿用地、果园、采矿用地	裸地、沙地
土壤类型	草甸土	沼泽土、灌淤土、草毡土	黑毡土、钙质石质土、灰褐土	栗钙土、黑钙土	冲积土
植被覆盖度[2]（NDVI）	7500～9995	6000～7500	4500～6000	3000～4500	3000≥
坡度	≤7°	7°～15°	15°～25°或≥65°	25°～35°或50°～65°	35°～50°
高程	2160～2500m	2500～2800m	2800～3300m或4500～4780m	3300～3700m或4100～4500m	3700～4100m
分级赋值	1	3	5	7	9

1　土地利用类型（LUCC）分级标准依据《生态自然功能区暂行规程》；土壤类型分级标准依据《全国第二次土壤普查暂行技规程》和《补充规定》；坡度、高程分级标准依据《水土流失保持技术规范》和《景观研究的环境学途径》。

2　植被覆盖度指数根据MODIS卫星监测数据分析解译后分类得到。

四、山体森林火情过程分析

森林火情的蔓延受高程、坡度、坡向等地形因子，以及气候风向等因素的影响，且与人类活动息息相关。在远离人类活动的区域，例如原始森林等，火源风险视为常数。在人类活动较频繁的区域，包括居住地、工厂、公路、野外墓地等，这类地区的火源信息可以根据地图采集的POI信息获取。燃烧物主要与地表植被等相关，其丰富度可以用植被指数来表示。

对比上述两种因素，采用空间叠加分析的方法，最终划分出不同的火灾风险区域空间分布。通过对西宁市域森林疑似火源点进行空间识别，采用QGIS软件，导入预先筛选的POI数据、植被指数图层、地形图层等数据，通过空间叠加，对POI属性中的risk等级、植被指数数值、地形坡度坡向数值进行耦合叠加分析，最终得到风险发生的等级空间分布结果。

表4-9　西宁市森林火源活动（POI）等级

序号	森林火险等级	活动（POI）类型
1	一级	加油站、农家院、燃气公司、木材公司等
2	二级	森林公园、林场等
3	三级	生态园、公园、花园、植物园
4	四级	烧烤野炊园、公墓

（1）森林火情低安全格局区域主要位于西宁市西北部大通县多林镇、青林镇、西山乡地区，在大通县鹞子沟森林公园也具有相对高的森林火情风险。此区域植被覆盖度（NDVI）较高，生态林地对整个西宁地区具有重要的涵养功能，森林火情敏感性高，在区域森林保护中需要重点布局森林防火隔离带、灭火取水设施等防火措施。

（2）森林火情中安全格局区域主要位于中心城区植物园、动物园和湟水林场等地段，在湟源县城也有几处森林火源风险点，此区域以人工种植林木为主，植被覆盖度（NDVI）一般，常年风沙较大，一旦发生火情，蔓延趋势较为强烈，需要布局森林防火隔离沟或隔离带，并根据地形因素设置森林防火取水点。

（3）森林火情高安全格局区域主要位于中心城区南北两山外围、大通县、湟源县、湟中区的周边山体，森林火源点分布散落，植被覆盖度（NDVI）一般，人类活动频率较低，森林火情风险等级较低。

第五节　策略方法——
西宁山体生态修复策略方法

一、废旧矿山生态修复策略

废旧矿山生态修复主要对象是天然矿产开采后留下的废旧矿区，是由于无序开挖和粗放管理经营，经露天开采后形成的巨大矿坑和采石场。

在西宁高原高寒气候环境下，南北山地区废旧矿山的存在容易引发山体地表裸露、区域生境斑块破碎化等问题，使生态环境遭受一定程度的破坏，并引发局部地区水土流失、山体滑坡等现象，其生态修复对区域微气候环境改善也有直接或间接的影响。

借鉴国内外废旧矿山生态修复经验，基于对西宁市域废旧矿山类型、规模的分析，西宁市南北山范围内的废旧矿山生态修复治理采取以下两种模式：生态型废旧矿山修复、再生利用型废旧矿山修复。

生态型废旧矿山修复适用于生物资源保护要求较高或视觉敏感度要求较高的采石场废弃地，主要是针对一些面积较小、散落分布，或距离城市建成区较远、景观敏感性较高的废旧矿山，通过工程措施及植物措施，先对废旧矿山的采掘面等进行生态化的加固处理，然后采取客土复绿，保证山体生态系统的完整性和多样性，提升区域生态环境品质。

废旧矿山生态修复是一项复杂而漫长的过程，需根据其所在区域的自然环境情况做出长远规划。本书结合矿山开采过程中对生态环境的破坏程度以及废旧矿山的类型和特点，以景观生态学理论为指导，把土壤、植被、微生物和土壤动物的恢复方法加以综合利用，采取工程措施和生物措施相结合的方式，有效地修复被破坏的生态环境。

（一）废旧矿山修复治理原则和治理时序

1. 修复治理原则

优先确定治理区域，划分治理类型。考虑到青藏高原地区生态环境的脆弱性，优先选择对整体生态环境及人居环境影响较大、危害较重的废旧矿山作为修复治理的重点，优先安排治理工程。同时，结合每个废旧矿山对生态环境的影响程度、治理的难易程度、修复后的综合利用价值等不同诉求，划分治理类型，并按轻重缓急分期治理。优先治理位于中心城镇周边、交通主干线两侧可视范围内以及生态保护要求高的废旧矿山，后治理其他区域的废旧矿山。

2. 修复治理时序

统筹考虑西宁市域范围内的矿坑分布情况及其对周围景观的影响，落实生态修复总体目标和阶段性目标，分期进行废旧矿山的修复治理，按照近期、中期、远期三个时段，将近郊区及主要干道两侧周边的废旧矿山安排在近期和中期实施修复治理工程，其他地区的废旧矿坑则安排远期实施修复治理工程。

（二）废旧矿山生态修复目标

综合考虑西宁市废旧矿山的类型、规模及其与中心城区的距离，本书从西宁市域范围内33处废旧矿山中识别出27处需要采取生态修复的方式进行治理。

其中，对位于主城区南北山周边和主干道路两侧直观可视范围内的21处废旧矿山，可结合西宁"十四五"发展要求，吸引社会资本，分批次实施生态修复治理。其余6处远离城区和主要交通干道且视觉景观敏感度较低的废旧矿山，可结合城市经济发展需要，明确重点修复治理范围，以自然恢复的方式逐步实现废旧矿山的复绿。

（1）废旧矿山生态修复技术

根据西宁废旧矿山类型、规模，借鉴国内外较成熟的废旧矿山生态修复技术经验，采用较为经济适用的生态修复技术方法，主要措施包括：稳定化处理技术、矿山植被恢复、微生物及土壤动物恢复技术等。

①稳定化技术处理

稳定化处理技术分为物理法和化学法两种。物理法运用于生态修复的前期处理，主要包括排矸场和采矿区的稳定化处理，排土场、排矸场和尾矿库的熟土覆盖，以及采矿区填埋等。地表景观和矿山废弃物是物理法的主要稳定对象。化学法运用在尾矿表面，通过使用化学稳定剂在尾矿表面形成一层壳膜防止侵蚀。物理法和植被修复结合的方式较为适用西宁市废旧矿山修复，化学法因成本高且容易造成二次污染，不建议使用。

②废旧矿山植被恢复

废旧矿山植被恢复主要分为直接植被恢复和覆土植被恢复两种方式，具体选用哪种方式需要根据废旧矿山所在区域的物理和营养条件，以及土壤特性和植被的适应性来衡量。

直接植被恢复是一种成本最低、最简便的修复方法，西宁市大多数矿山废弃地属于裸地岩石地貌，土壤动物如蚯蚓、线虫、蚂蚁等较少，土壤微生物的数量不足，这些条件会制约植被的恢复与重建。

覆土植被恢复是一种常见的生态修复方法，覆盖土壤厚度要严格把控，过高会造成修复成本太大，太薄又起不到修复作用。研究证明，满足植物萌发和生长的覆盖土壤厚度需控制在5~10cm。在对废旧矿山进行土壤改良时，对植物生长最有利的覆土与尾矿砂的比例为1∶1。

③微生物及土壤动物恢复

微生物类型主要指矿山地区原有的微生物，也可适当引进其他外来的微生物，它们具有分解或减少土壤污染物的作用。废旧矿山在通过植被恢复的同时，还需要提供适宜土壤微生物生存的环境，这样有利于维护矿山区域生态系统的完整性，使恢复后的矿山生态环境系统进行自然良性运转。

土壤动物修复。土壤动物在生态系统中扮演着消费者和分解者的双重重要角色，土壤动物不仅可以改善土壤结构，还可以分解枯枝落叶，增加土壤肥力，从而促进营养物质的循环。因此，要使重建后的矿山生态系统功能更加完善，在废旧矿山生态修复中引入土壤动物进行恢复十分必要，具体的土壤动物有蚯蚓、线虫等。

（2）西宁市废旧矿山修复工程方法

矿山开采后遗留的大量开挖采掘面是废旧矿山修复的重点和难点。如何在采掘面上创造植物生长所需的基质条件是废旧矿山恢复工作的首要环节。

西宁市现有废旧矿山多为石矿和砂矿，矿山的采掘面坡度、坡长等因素对植被恢复所需的基质条件都有影响。通过借鉴国内外众多矿山修复技术实例，以及西宁市废旧矿山的坡度现状，将废旧矿山根据坡度差异划分为4个基本类型。

表4-10　废旧矿山坡度类型划分及修复治理技术

类型	坡度	基质	修复技术
A	>45°	裸岩	首先要使坡面稳定，对有安全隐患的边坡清除危岩、锚固不稳坡面，再采取一定的绿化技术，但基本的着眼点在于创造植物生长的小环境。具体措施包括燕窝巢复绿法和板槽复绿法
B	30°~45°	裸岩	应先清除疏松滑动部分的采石废渣，再采取一定的绿化技术，为植物的生长创造必要的条件。具体措施包括混喷植生法、直接挂网喷播技术和厚层基材分层喷射法
C	15°~30°	裸岩	该类采石场的特点是岩体裸露，有极少的土壤，但坡度小，较平缓，施工较为容易。具体措施包括台阶式喷播法和纺织材料网坑种植法
D	<15°	碎渣/薄基质	这类采石场的特点是地形较为平坦，结构稳定，表面只有极少的土壤，植被恢复相对容易，供植物生长的基质在其上容易固定，即如果回填适当厚度的土壤，并能提供足够的养分和水分，植物即可较好地生长

A类（坡度＞45°裸岩）废旧矿山修复技术

燕窝巢复绿法。先对石壁进行定向爆破，每个爆破洞口直径为1m，垂直高度为0.5m，回填土后，再种上耐干旱、耐贫瘠的灌木和草本植物。对于裂缝较大、岩石纹理复杂的地段，则采用人工砌石扩充植穴的方法。该种方法效果最佳，但投入资金较多。

板槽复绿法（裸露石壁快速复绿法）。该方法通过预制宽为40~50cm的混凝土插板，板槽间壁面高差为3m。预制板插入加注混凝土，槽内置优质生长基质，栽植西宁当地藤本植物，以接力的方式，通过上垂、下攀、中挂等方式进行立体绿化石壁。该方法资金投入相对较少，且见效速度快。具体施工过程中，可根据废旧矿山采石场的具体立地条件，以上两种方法择优使用，也可同时使用。

B类（30°~45°裸岩）废旧矿山修复技术

混喷植生法。该方法通过利用特制专业喷混机械将土壤、肥料、有机质、保水材料、植物种子、水泥等混合干料加水后喷射到岩面上，由于水泥的粘结作用，上述混合物可在岩石表面形成一层具有连续空隙的硬化体。一定程度的硬化能使种植基质免遭冲蚀，而空隙内填有的植物种子、土壤、肥料、保水材料等物质，既是种植基质的填充空间，也是植物的生长空间。混喷植生法能较快达到废旧矿山植被的复绿效果，但所需投资成本也相对较高。

直接挂网喷播技术。该方法通过配制适合于特殊地质条件下的植物生长基质和种子，然后用挂网喷附的方式覆盖在坡面，从而实现对岩石边坡的防护和绿化。采用该方法首先需将石壁表面整平，然后将各种织物的网（如土工网、麻网、铁丝网等）固定到石壁上，再向网内喷一定厚度的植物生长基，生长基包括可分解的胶结物、有机肥料和无机肥料、保水剂等。最后将植物种子与一定浓度的黏土液混合后，喷射到生长基上。目前，这种技术已比较成熟。

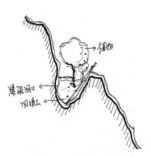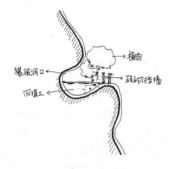

图4-13 燕窝巢复绿法示意图

厚层基材分层喷射法。这种方法是近几年在挂网喷播技术上发展起来的，与前者相比，分层喷射法是将基材分三层喷射，每一层的基材物质结构均不同，因而整体基材较厚。具体来说，在底层喷种植土，厚约7~10cm；中间层为多孔混凝土，孔隙中填充砂浆、纤维、保水剂、肥料等，厚度在7cm左右；表层为木质纤维及植物种子等，形成植被发芽空间，厚约5cm。厚层基材分层喷射法的技术要点、养护管理、适用范围等都与直接挂网喷播法非常相似，只不过其牢固程度相对更高一些，持续时间也就更长一些。

图4-14　台阶式喷播法示意图

图4-15　纺织材料网坑种植法示意图

（三）再生利用型废旧矿山修复

矿山开采作为人类探索和开发利用大自然的一种表现形式，具有明显的时代特色和地方印记，矿山公园的规划建设是一个地区保存历史记忆的重要方式。

在废旧矿山的治理修复过程中，对于地块面积较小或距离主城区较远的地区，可以采用生态修复的方式逐步恢复废旧矿山所在区域的生态环境。对于地块面积较大或集中成片，且具有明显地形地貌特色的废旧矿山，可根据其距离城市的远近程度采取改造再利用的方式，规划设计1～2处废旧矿山地质公园。这不仅是对废旧矿山独特地形地貌进行的保留，再现城市现代化进程中的工业印记，同时可以设计出适合市民游憩休闲的场所，对市民具有较好的娱乐休闲和科普教育价值。

国内外对废旧矿山的改造再利用有众多经典案例，如上海辰山矿坑公园、德国鲁尔工业区废弃矿山改造等。本书在实地考察的基础上，选取湟中区李家山镇香林沟所在的6处集中连片的废旧矿山，作为废旧矿山地质公园的改造再利用对象。

1. 修复对象

在生态综合治理的前提下，根据西宁市城市环境状况及社会发展需求，选取集中连片的废旧矿山区域进行修复改造，建设科普文化设施、游憩服务设施、市政基础设施。

湟中区李家山镇香林沟所在的6处集中连片的废旧矿山以石英岩矿和硅石矿为主，均为露天开采矿产。6处矿山彼此邻近，呈带状布局于峡谷之中，两边山体地形起伏明显，矿产开挖产生的矿坑陡壁较多，鉴于此，可集中规划设计废旧矿山地质公园，与矿区临近的贾尔吉峡、进方滩、云谷川水库风景区、百亩花海等景区共同规划，构建一处"串珠型"的旅游区域。

2. 修复范围

应充分利用废旧矿山遗留用地，但必须遵循以下原则：不得擅自扩展用地范围，不得擅自改变周边绿地的原有地貌和生物种类，且相应的交通及市政基础设施的建设不得对山体景观造成破坏，以此确定规划修复改造的范围约为200公顷。

3. 修复强度

充分考虑6处废旧矿山的基底条件，为保证地质结构稳定，不得进行大规模的挖掘和造山理水等工程干预，避免对现有地形地貌造成明显改变。对于现有植被应尽量保留利用，可布置小型构筑物及公共服务设施，但必须保障山体的绿地率和立面的绿化覆盖率达到70％以上。

4. 修复区域景观协调

修复矿山开采过程中遗留下的山体破损创面是废旧矿山修复改造的关键，修复过程中不能对原有山体连续景观界面造成破坏，对于构筑物及建筑物的建筑高度、建筑色彩、建筑立面需采取严格管控，避免对周边景点造成视觉侵扰。同时，矿山修复改造要控制好铺装场地的面积，降低建筑硬面对山体鸟瞰视野及热环境的影响。建筑照明应尽量遵循环保节能的原则，避免大范围的光污染。

5. 矿山环境保护

矿山修复改造后期管理要遵照相关环保安全规定，严格控制生产、生活废弃物，如垃圾、废水、废气的排放量，或采取异地集中处理的方式，不得对场地及周边的地下水源、山地空气质量、生物栖息地等造成二次污染和破坏。

二、裸露山体生态修复策略

对于西宁南北山范围内常年受雨水风沙侵蚀后的裸露山体，主要以生态恢复治理为主。通过对裸露山体的生态恢复治理，不仅可以将水土流失控制在允许范围内，起到保持水土的作用，而且能改善城市山体生态景观，保护城市的投资环境，提高城市的综合竞争力，促进社会经济的可持续发展。

西宁市裸露山体主要分布于南北山区域，根据视觉敏感性高低及距离城市主要干道的距离，可将裸露山体分为视觉高敏感区域和一般敏感区域。对于裸露山体视觉敏感性高、坡度较大的区域进行优先修复，对于裸露山体视觉敏感性一般、坡度相对平缓的区域，选择中远期修复。

（一）裸露山体生态修复治理原则

裸露山体修复宜遵循因地制宜、重点治理原则。首先，应充分立足于南北山地形地貌、植被情况及交通状况，选择经济适用型工程方法进行综合生态修复，重构南北山山体生态系统，提高区域山体生态系统服务功能，禁止其他无关的开发建设活动。同时需要注意的是在治理过程中，要将对周围山体的影响降到最低。

（二）裸露山体生态修复目标

经过治理后，复绿的立面绿色覆盖率自竣工之日起，一年内应达到50%以上，两年养护期结束时要达到70%以上，五年内达到100%。其治理内容主要包括边坡加固与支档设计、绿化基础工程设计、植物工程设计、养护工程设计四种。

养护管理：定期对山体环境进行检查，避免因结构不稳定性造成的水土流失、地质灾害及对游人造成的人身伤害，同时对于生长不良的植物要及时进行补植。

表4-11　南北山裸露山体生态修复治理方式

治理方式	设计内容
边坡的加固与支档设计	设计的内容包括：坡顶排水工程、削坡减载工程、加固工程、危岩清理工程、支挡工程等。必要时可与绿化基础工程设计相结合
绿化基础工程设计	设计的内容要求包括以下的几种或全部：种植槽或燕窝（槽）式容器的设计、排灌工程设计、框架工程设计、客土工程设计、防护工程设计等
植物工程设计	设计的内容包括：植物的选择（包括先锋植物和目标群落植物）与配置；绿化的方式；种植和养护的程序与要求等
养护工程设计	设计的内容包括：灌溉系统（浇水、蓄水、排水、施肥）和防护系统（防土层侵蚀、防风、防病虫害、防有害植物等）及其运作方式等

（三）裸露山体生态修复措施

因雨水风沙常年侵蚀造成的裸露山体区域主要分布在山体阳坡，在进行生态修复工程建设时，需考虑山体阳坡阳光照射强烈、水分蒸发量大的特点，科学地进行种植和灌溉。

1. 坡地整治

裸露山体的坡地整治需要根据坡向、坡度的不同采用不同的整地方式，结合西宁裸露山体的安全格局分析，选取水平阶、鱼鳞坑、穴状整地等方式较为合适，坡地整治的季节要求是在前一年秋冬季或者当年雨季来临之前。

表4-12　裸露山体造林立地条件划分表

类型区	亚类	立地条件类型	整地方式	树种选择
黄土丘陵沟壑区	陡坡	半阴半阳坡	穴状	柽柳、柠条、沙棘、云杉等
	缓坡		水平阶	
	陡坡	阴坡	穴状、水平阶	青杨、沙棘、白桦等
	缓坡		水平沟	
	陡坡	阳坡	穴状	柠条、沙棘、白榆等
	缓坡		水平阶	
沟道两岸、有水源保证区	缓坡	阴坡、阳坡	鱼鳞坑、穴状、水平沟	云杉、沙枣、山杏、山桃等

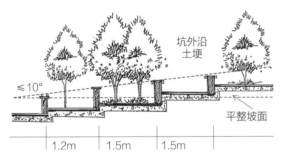

图4-16　大规格穴状整地（大坑整地）示意图

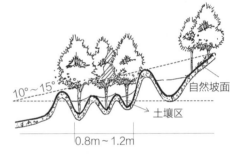

图4-17　汇集径流整地示意图

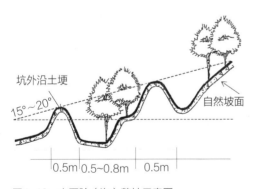

图4-18　水平阶（沟）整地示意图

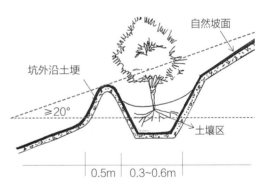

图4-19　鱼鳞坑整地示意图

　　大规格穴状整地（大坑整地）。对坡度小于10°的平缓裸露山体，采取规格为直径1.2~1.5m、深1.0m的圆坑或方坑，坑壁垂直，生熟土分开堆放。

汇集径流整地。对坡度在10°~15°的裸露山体，通过人工修整集水坡面和引流沟，最大限度地将天然降水地表径流进行集蓄利用。据调查，坡度15°的山坡通过汇集径流整地可集蓄25%的雨水，能够解决降雨不足而导致的土壤含水量低的问题，可有效提高造林成活率和保存率，促进幼树的正常生长和未来发育。

图4-20　西宁市南山大规格穴状整地（大坑整地）实景（西宁林草局提供）

水平阶（沟）整地。对坡度在15°~20°的裸露山体，沿等高线开挖成水平台阶和水平沟，生土用于修整外沿，熟土回填植树穴。

鱼鳞坑整地。对坡度在20°~25°的裸露山体，采取鱼鳞坑整地，根据山势自上而下开挖品字形排列的鱼鳞坑，必须将地表熟土回填坑穴，生土用于修筑坑沿，坑沿踩实拍光。同时，可与海绵城市建设相结合，做到既减少径流以蓄水，又提高景观效果。

2. 裸露山体植被种植

裸露山体的生态修复目标是逐步营造良好的生态系统，提高区域生态系

图4-21　西宁市南山水平阶（沟）整地实景（西宁林草局提供）

统服务功能价值，植被种植则是其中最直接、最有效的方式。

根据西宁当地造林气候、土壤、经济社会条件及地形地貌、水土流失等特点，阳坡水分蒸发量大，阴坡植被生长优于阳坡地段，同时考虑到树种的生态生物学特性，根据同类地区造林经验，裸露山体的植被选取主要为抗逆性强的乡土树种云杉、青杨、沙棘、柽柳及柠条等。此外，也可根据景观需要，选取云杉、山杏等具有一定景观功能的树种。

（1）低山丘陵阳坡半阳坡植被种植

造林模式为针阔灌木混交林，主要以柠条、沙棘和草本植物为主，间隔性地种植乔木树种，乔木树种选取祁连圆柏、油松、河北杨、沙枣、柽柳、沙棘等耐干旱的乔木，整地方式及时间根据立地条件可采取水平阶（沟）、鱼鳞坑等整地方式，整地季节要求在前一年秋冬季或者当年雨季来临之前进行。

（2）低山丘陵半阴半阳坡植被种植

造林模式为针阔混交林，混交方式为株间混交、带状混交或行间混交，主要树种以云杉、祁连圆柏、油松、河北杨、青杨、旱柳、柽柳为主，整地方式及时间根据立地条件可采取水平阶（沟）、鱼鳞坑等整地方式。整地季节要在前一年秋冬季或者当年雨季来临之前进行。

（3）低山丘陵阴坡植被种植

造林模式为针阔混交林，混交方式为带状混交或行间混交，主要树种有云杉、青杨、河北杨等，整地方式及时间根据立地条件可采取水平阶（沟）、鱼鳞

白榆	大叶榆	圆冠榆	青杨	河北杨
山桃	山杏	榆叶梅	忍冬	丁香
沙棘	沙枣	锦鸡儿	枸子	紫花苜蓿

图4-22　西宁裸露山体修复适宜的绿化树种

图4-23　南北山低山丘陵阳坡半阳坡植被种植实景图（西宁林草局提供）

坑等整地方式。整地季节要求在前一年秋冬季或者当年雨季来临之前进行。

（4）低山丘陵沟谷植被种植

造林模式为景观林（针阔灌小乔木混交林、小乔木），采用块状、团状、行间、株间混交的方式，树种选择以云杉、山桃、山杏、海棠、沙枣、暴马丁香、榆叶梅等为主，整地方式是先进行水平阶整地，再开挖栽植穴。整地季节在前一年秋冬季或者当年雨季来临之前进行。

3. 海绵设施建设

裸露山体存在的主要危害是因土壤质地脆弱，容易随着降雨径流引发水土流失，在进行地形整治之后，可以通过设置雨水缓冲沟、小型蓄水槽等海绵体设施，以及种植乡土植被，截留雨水。根据《西宁市海绵城市建设项目系统性方案详细规划（2016—2018）》规定，南北山区域年径流总量控制率需不低于93%，通过裸露山体海绵设施建设，可以实现这一目标，甚至可大大提升区域年径流控制率。

三、水土流失生态修复策略

西宁市地处青藏高原与黄土高原的过渡地带，受多期构造运动叠加作用下的褶皱、断裂构造影响，沉积了一套古近纪内陆湖相含盐地层，披覆了一层厚10～120m的第四系黄土，而黄河支流湟水溯源侵蚀运动，形成了南北山前V级阶地前缘高达300余米的陡崖，容易引发滑坡、崩塌和泥石流等自然灾害，造成较为严重的水土流失。针对该问题，本书重点从滑坡、崩塌和泥石流的生态治理，山体植被修复这两个层面提出生态修复的策略。

（一）水土流失生态修复治理原则

坚持因地制宜、合理规划的原则。应有计划地开展水土流失综合治理工作，在实施中突出构建"生态修复、生态治理、生态保护"三大水土流失防治体系。

坚持集中治理、重点治理的原则。应对地质灾害进行综合评估，重点治理易发生水土流失的山洪沟道，初步形成城市防洪减灾工程系统，有效遏制水土流失的进一步加剧，避免洪水、泥石流、滑坡等次生灾害的发生，保障下游工矿企业及人民的生命财产安全。

突出"政府主导，公众参与"的原则。应建立政府和社会企业二者之间的良性互动机制，推动西宁及青海省多家省市级机关、企事业单位成立绿化区，呼吁一些个体承包户以租赁、承包等形式参与荒山治理，形成多方共同参与水土保持生态建设的良好局面。

（二）滑坡、崩塌和泥石流生态治理

1. 滑坡、崩塌的生态治理

滑坡、崩塌的生态治理需要因地制宜，考虑造成滑坡、崩塌的主要因

图4-24　滑坡、崩塌防治工程示意图

素，并结合地形坡度设计合理的工程措施，具体工程包括排水、支挡、卸荷与压脚及改良等。

排水：在滑体周围设置拦截排水沟，使外来水源不能进入滑体；修造渗管、渗井及排水沟，排走滑体内的水；护坡防止冲刷，填补地表裂缝，防止入渗。

支挡：设置支挡构筑物，如修建挡墙、抗滑桩等，以增加滑体抗滑力，防止其滑动。

卸荷与压脚：为改善斜坡形态，消除隐患，可在斜坡上方削方减重，消除危石，在坡脚填土加压，防止其滑动。

改良：为提高其强度和稳定性，对坡体岩、土性质进行改良，可采用灌浆法、锚固法等，并贯彻早治、小治的原则。

2. 泥石流的生态治理

南北山泥石流的治理需要根据泥石流的发生条件、活动特点及危害状况，全流域统一规划。应以预防为主，防治结合，分阶段实施，近期防灾，远期逐步根治。同时要因地制宜，追求实效，以技术成熟、经济节省的中小型工程为主。具体到泥石流的治理，主要通过拦截、滞流、疏导与利用三个环节进行生态治理。

拦截：修建各种形式的拦沙坝，减少南北山泥石流的动力作用，减少泥石流总量和固体物质含量，削弱泥石流强度。其中，低坝拦截是较为成熟的一种拦截方式，旨在利用回淤的固体物质稳定岸坡，防治滑坡并防止泥石流对沟床揭底的冲刷，使泥石流仅能形成携沙洪流（减轻下游排道渠的压力），尽可能地拦截泥石流固体物质并稳定沟床和沟岸。

滞流：应修建各种形式的低、矮拦挡坝，用以拦蓄固体物质，缩小泥石流规模，固定河床，防止下切和边坡塌落，平缓纵坡，减弱泥石流速度等。

疏排与利导：应在下游堆积区修筑排导槽、导流堤，以固定沟槽，控制水流，改善沟床平面，以沟道形式引导泥石流顺利通过防护区排向下游、泄入湟水。

（三）山体植被种植

西宁市南北山及周边山体水土流失的主要区域植被覆盖较为稀疏，部分裸露山体地段几乎无植被覆盖。因此，在通过工程技术手段防治滑坡、崩塌和泥石流等自然灾害带来的水土流失的同时，也需要通过生态修复手段恢复山体植被群落，打造更为完善的山体生态系统。通过培育水源涵养林、护坡防护林、农耕作物等生态措施，因地制宜地选取乡土植被物种进行种植，形成乔木、灌木、草本及地被植物结构完善的山体植被群落系统，有效地防治区域水土流失。

1. 水源涵养林种植

水源涵养林布设于沟源黄土地带（配合北山绿化工程进行封山育林，种草种树并对原有林地补植树木），其目的旨在改良土壤、减少地表径流对土壤的冲刷、侵蚀，控制面蚀、沟状水土流失并调节气候，促进生态良性循环。

2. 护坡防护林种植

护坡防护林布设于水源涵养林以下、沟口以北的谷坡地带，旨在增加地表植被覆盖度，增强土层的稳定性，减弱滑坡和崩塌的活动性，防止沟道侵蚀和沟坡泻溜，控制或减少形成泥石流的土体和水体补给量。

3. 农耕作物措施

对现有山洪沟道上下游农作种植情况进行摸查后发现，可在山洪沟陡峻的山坡及分水岭地带，对地表坡度大于25°的土地实施退耕还林；将地表坡度小于25°的由坡耕地改为水平梯田，以期减少水土流失，根治泥石流灾害。

四、森林火情生态修复策略

在西北高寒半干旱地区，山体植被受海拔、气候、有效积温等综合作用影响，成林周期较长。因此，森林防火在山体生态保护和修复中尤为重要。

综合来看，西宁市全年森林火灾防范等级较高，尤其在气候干燥的春季和冬季时节，降雨稀少，属于森林火灾高发时段，需要严格防范。西宁市的森林防火措施建设多年来处于较为滞后的状态，直到2021年，青海省颁布《森林防火隔离带建设技术规程》DB63/T 1917-2021的地方标准，才初步建立了较为科学完善的防火体系，对进一步开展南北山森林火灾防范工作起到了重要的引导作用。

在南北山地区的森林防火过程中，应充分立足于西宁市高海拔、半干旱的高原气候和降雨条件，在树种选择上做到因地制宜、适地适树，在具体森林防火措施上可选择建设消防停机坪、消防取水设施、防火隔离沟和防火隔离带等多元组合手段。

（一）南北山森林防火植被选择

西宁山体森林防火的树种选择需要遵循因地制宜、适地适树的基本原则。

森林防火树种选择首先要立足于西宁气候条件、土壤条件和降雨条件，选择耐旱、耐寒、阻火性较高的植被。通常选择枝叶茂密、干通直，树体高

图4-25　西宁山体修复常用耐旱耐寒防火乔木植被图谱

图4-26　西宁山体修复常用耐旱耐寒防火灌木植被图谱

大且生长迅速、郁闭快、适应性强、萌芽力高、抗病虫害、耐火阻火性较强的河湟谷地乡土针叶和阔叶树种。同时，为满足南北山森林防火的需要，对植被的耐火性也有一定要求，即要求所选树种含水量大、燃点高，热值和挥发油含量低，树皮木栓层较厚，以便在火情发生时起到良好的自我阻火作用。

此外，在南北山植被修复过程中应注重乔灌草植被的组合和搭配。结合西宁市降雨分布线和南北山土壤情况，海拔2500m以下的区域年降雨量和土壤质地条件较为优越，是西宁市重要的"城市—自然"过渡地带，该区域的植被物种宜选择乔灌草多元组合搭配。在海拔2500~2900m的区域，土壤以湿陷性黄土地为主，土壤质地肥力较差，不利于乔木植被大面积生长，应以灌木和草本植被作为主要种植类型。

（二）森林消防停机坪建设

森林消防停机坪是现代森林火情防治的重要基础设施之一，其主要作用是作为灭火直升机的起降点，同时也可作为野外紧急避难点和重要的救援点。

西宁市现状林场和森林公园资源丰富，依据其森林火情等级，可择优布局森林消防停机坪，利用灭火直升飞机进行空中灭火，包括南北山范围内湟水林场、南酉山、鹞子沟国家森林公园、群加国家森林公园等地区。

以湟水林场为例，湟水林场自20世纪50年代开始绿化工程建设，经历几代人的努力和近半个世纪的发展，如今已建成集森林公园、河滩营林区、苗圃于一体的综合性林场，面积近250ha，紧邻西宁中心城区。当前及今后一定时期内，林场工作主要为人工林经营管理和育苗。对于湟水林场而言，森林防火应放在极重要的位置，否则一旦发生火灾，几代人的心血将付之东流。因此可选择较为开阔的山顶平坦地区，建设一处湟水林场森林消防停机坪，防患于未然，在火情发生时可及时、有效地进行支援。

（三）森林消防取水设施建设

森林消防取水设施是较为常见的森林防火基础设施，通常利用山地地形高差形成多级森林防火取水点，按照取水防火的服务半径进行优化布局。

表4-13 森林灭火取水点工作机制表

火情等级	月份时间	规划措施	
		一级森林灭火供水点	二级森林灭火取水点
高	11月~次年2月	出水频率高,每月定期出水30天,以防火功能为主,兼顾灌溉功能	出水频率高,每月定期出水30天,以防火功能为主,兼顾灌溉功能
中	3月~4月 9月~11月	出水频率高,每月定期出水30天,以防火、灌溉功能为主	出水频率低,每月定期出水20天,以防火、灌溉功能为主
低	5月~8月	每月定期20天出水,以防火为主,兼以灌溉功能	不出水

西宁山地特色明显,在森林火情防治中可充分立足地形高差布局消防取水设施,一方面可以提升水量利用效率,另一方面可以有效达到灌溉和消防灭火作用。在消防取水设施点的布局中,可按照火情等级将取水点分级处理。

目前,西宁市域范围内的消防取水点已进行部分建设,但尚不成体系,部分消防取水点内的存储水源难以得到长期保障。应结合西宁森林火情发生的时节进行优化配置,在火情高发的冬季和春季可以提升取水点水源储备频次,其他季节视降雨情况进行灵活配置。既能保障森林火情的防范,也可在火情低发时节为周边植被提供灌溉供给。

结合目前西宁市南北山森林火源点分布情况,布局消防取水点的重点应在火源点分布密集区域布局消防取水点,包括大通县、湟中区涉及南北山的森林区域。根据森林规模,以及中心城区南北山林场、西堡森林生态公园等区域,确定单位面积内取水点数量,从而保障每个森林单元内皆有一定数量的取水设施,并对消防取水点进行有效的管理和利用。

图4-27 湟水林场消防取水点

图4-28   森林喷灌设施作业

图4-29   人南山森林防火取水点施工图（西宁林草局提供）

（四）森林防火隔离沟及防火隔离带建设

森林防火隔离沟和防火隔离带的设置是较为常见的一种防火途径。其原理是在森林之间、森林与城市建成区之间设置一定距离的空旷无木地带，以防止火情扩大蔓延，达到阻火灭火救援的目的。

一般情况下，当成片森林面积在20ha以上，且森林防火树种占比小于30%时，需配置森林防火隔离林带。主要防火林带要与西宁冬季或春季防火季节的主风向垂直，或夹角小于45°。主防火林带应与各级行政界线相吻合，副防火林带可以布设在山沟、山脊、农田边，并综合考虑利用林区道路进行设置。

1. 南北山森林防火隔离带树种选择

森林防火隔离林的树种需要具有较高的耐火性能，因而对树种的选择具有一定要求。

南北山森林防火隔离林带树种的选择要因地制宜、适地适树。防火树种可选择枝叶茂密、干通直，树体高大，生长迅速、郁闭[1]快、适应性强、萌芽力高、抗病虫害、耐火阻火性较强的河湟谷地乡土阔叶树种，即要求所选树种含水量大、燃点高，热值和挥发油含量低，树皮木栓层较厚。

2. 南北山森林防火隔离带宽度设置

森林防火隔离带的设置间距需要结合林地立木条件和实际地形确定，一般不宜突破5km，太远则会导致防火隔离效果较差。

在南北山森林防火隔离带设置过程中，应立足西宁市南北山地形特点，对于地形陡峭的森林地区，可设置宽度为5~10m的防火隔离沟；对于地势较平坦的地区，参考《森林防火工程技术标准》（LYJ 127-91）中关于森林防火带的设置标准，可设置防火干线、防火副线、幼林防火隔离带和特殊防火隔离带。

①防火干线：设置在林区、营造林或林斑的交界线，多处于南北山主要山脊线上，用于阻隔森林火情向更大的范围扩散。宽度不低于平均树高的1.5倍，一般为30~50m；

②防火副线：设置在经营强度较高的大面积针叶林区，一般宽度在

1　郁闭指的是林分中林木树冠彼此互相衔接的状态，郁闭快是指林木树冠相互衔接的速度和闭锁程度快，能较快形成林冠效果。

8～12m，中央可设置1～2m的生土带；

③幼林防火隔离带：设置在大面积针叶幼林中保护幼林免遭林火，一般宽度控制在4～6m之间；

④特殊防火隔离带：设置在林区内工厂、村庄、贮木场、房屋、油库、人工景点等周围，防止火情蔓延而燃烧到林内，其宽度不低于50m。

此外，可结合西宁南北山植被绿化的实际情况，将部分南北山中现状3m宽度的交通干道适当拓宽至5m左右，使其既可以作为消防通道，又可以起到防火隔离带的作用。

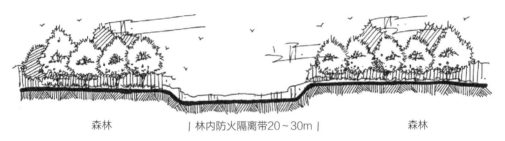

图4-30　林内防火隔离带剖面示意图（崔珵榕 绘）

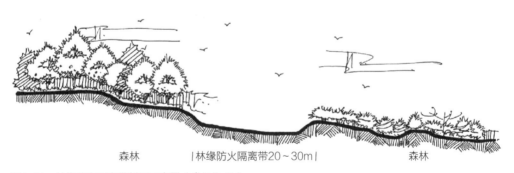

图4-31　林缘防火隔离带剖面示意图（崔珵榕 绘）

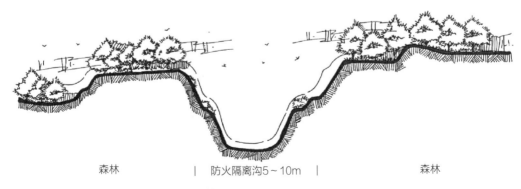

图4-32　防火隔离沟剖面示意图（崔珵榕 绘）

3. 南北山森林防火隔离带建设方式

南北山森林防火隔离带建设宜采用行状配置形式，包括正方形、"品"字形或正三角形。在南北山山脊森林防火隔离带中采用方形，对于立地条件较好的防火林带、林缘以及山脚田边位置则使用"品"字形和正三角形。

具体而言，南北山森林防火隔离带的开设方法主要包含以下三种：

①移除地上物

采用人工或者机械开设方式，全面清除多年生深根性草本、灌木，全面翻土，形成裸露生土带，达到隔火防火的效果。对于植被长势较好的林地，经设计并标识位置，优先移除地上物。移除顺序是先灌木后乔木，将移除后的空间倾力建造为防火隔离带界线。

②杂草的清理

选择在春季杂草发芽时节，采用喷洒除草剂等方式去除地面杂草，待植被根部死亡植株完全干枯后用铁耙人工清理出防火隔离带，使防火隔离带土壤全部裸露出来，发挥出隔离作用。

③人工破土

如果森林防火隔离带区域不宜使用除草剂等化学农药，则需要进行人工破土。方法有三：一是用拖拉机进行机械破土，此法适宜在较平坦且土层较厚的地方实施；二是用步犁耕，对于立地条件较差而无法使用机械作业的地方，使用此法效果较好；三是在坡陡土少的地带进行人工翻土。上述三种方法都必须保证破土深度达到要求，确保植被根系全部翻出，以保证防火隔离带的安全性。

第六节　工程实施——
西宁山体生态修复工程实施

自1989年青海省委、省政府做出"绿化西宁南北山，改善西宁生态环境"的决策，正式启动了西宁南北山绿化工程以来，围绕西宁南北山生态修复工作已开展了持续超过30年的工程建设，先后开展并完成了南北山一期工程绿化、南北山二期工程绿化、大南山生态绿色屏障工程一期、二期工程绿化、南北山三期工程绿化等国土空间山体生态修复行动，初步建立了以乡土针叶树为主，乔灌木结合、针阔林混交的森林生态系统。"高原绿"行动取得了显著成效，助力西宁市在兰州、银川、西安、乌鲁木齐、呼和浩特等西北主要省会城市中率先创建了"国家园林城市""全国绿化模范城市""国家森林城市"，极大地提升了西宁市人居环境品质。

西宁南北山生态修复工作持续时间之久、投入力度之大、参与人数之广，在全国山体生态修复工作中都具有典型性和代表性。考虑到西宁山体生态修复工程的复杂性和多样性，本书重点从废旧矿山修复、裸露山体修复、水土流失治理、森林火情防治四个方面，对西宁多年来典型生态修复重点工程进行梳理，在修复对象、修复措施和修复效果等方面进行总结。从工程实施的视角，一窥生态修复工作在地化实践的具体内容，以期为同类型山地城市地区开展山体生态修复工作提供参考。

一、废旧矿山生态修复工程

西宁废旧矿山治理工作主要集中在大通县。据记载，大通县在20世纪20年代已有较为成熟的煤矿开采工艺，至今为止，已有百余年矿山开采历史。新中国成立以后，大通煤矿曾是地方经济发展的支柱产业，一度成为青海省西宁市以及周边海东等地区的动力煤电、化工生产及人民群众日常生活的能源基地[91]。

进入2000年以后，大通煤矿资源储量急剧下降，伴随煤矿资源枯竭风险，常年开采后遗留下的废旧矿山造成大面积采空区，带来地表植被覆盖率降低、水土流失和地表景观破碎化等问题，规模较大的就有大煤洞沟沉陷区、小煤洞沟沉陷区、元树尔沉陷区等，亟须开展废旧矿山的修复治理工作。

1. 废旧矿山基本情况

2018年，青海省地质环境监测总站对大通县域范围内废弃矿山进行了系统普查，共普查出废弃矿山12处，总占地面积约86ha。主要废旧矿山类型以矿产采石矿为主，包括冶金用石英岩矿、钾长石矿、萤石矿（普通）、铁矿、建筑用砂矿、砖瓦用黏土矿等多种类型。

在本次废旧矿山普查中，共普查出重点采煤沉陷区约22km²，涉及大通县桥头镇和良教乡，其中桥头镇城区采煤塌陷区面积2.3km²，农村采煤塌陷区面积20km²。采煤沉陷区集中位于"西宁—大通"盆地的南缘，由侵蚀剥蚀低山丘陵及侵蚀堆积河谷平原组成,由于区内部分村民依山建房,人类工程活动对地质环境的破坏较为严重。

大通县采煤沉陷区位于北山山脉北端高位浅山地区,地处川水和脑山区之间,区内侵蚀剥蚀丘陵海拔在2450~2750m之间,相对高差达300m。区内山高坡陡,沟壑纵横,地形起伏变化大,地形地貌比较复杂,山体以浑圆状为主,丘陵区中前缘切割深度较大,发育形成了众多山洪冲沟,水土流失比较严重,农作物生长条件差,地表植被较为稀少。同时,受高原半干旱气候条件影响,采煤沉陷区内干旱少雨,土壤多为黄土和黑钙土,每逢强降雨时节容易造成水土顺流而下,是水土流失重点治理区。

2. 废旧矿山治理措施

2012年初,为进一步消除采煤沉陷区地质安全隐患,降低废旧矿山带来的水土流失、地表变形、土地压占、挖损、植被破坏、环境污染、景观破碎化等各类问题,青海省和西宁市就开始组织推进大通煤矿地质环境综合治理示范工程,先后历时四年时间,取得了显著成效。在大通县煤矿废旧矿山生态治理过程中,按照"宜农则农、宜林则林、宜建则建"的原则,重点形成了采煤沉陷区综合整治、绿色矿山建设、矿山地质分阶段保护、废旧矿山土地综合复垦等治理经验和措施。

（1）持续推进采煤重点沉陷区综合整治

遵循"科学规划、综合治理,先搬后治、土地置换"的总体思路,大通县持续推进桥头镇和良教乡采煤重点沉陷区综合整治。对于房屋出现墙体开裂、变形、基础下沉等威胁居民财产生命安全的区域,采取易地搬迁工程,以保护群众的生命、财产安全。针对沉陷区内存在的生态环境、地质环境等问题采取不同措施进行治理,主要有:地质灾害治理、破损废弃建筑拆除及建筑垃圾处置、煤矸石渣堆处置、土地整治等。通过实施垃圾处置工程、沟道治理工程、绿化工程等改善沉陷区生态环境;在沉陷区内搬迁安置工作完成后,考虑后期发展农业、旅游等项目,推进配套基础设施建设工程,主要建设内容为重点采煤沉陷区道路、给水排水、环卫、亮化、通信、电力等基础设施拆旧建新。

（2）推进绿色矿山建设

西宁积极开展绿色矿山建设,对于在采的大中型矿山以及新建矿山全部按照绿色矿山建设标准进行设计与建设,把绿色发展理念和绿色矿山建设要求贯穿到矿山规划、设计、建设、运营和闭坑全过程。坚持规划统筹、政策配套，整体推进，通过绿色矿山建设促进矿业发展方式的转变。鼓励矿山企业对照绿色矿山建设标准进行自评估，形成绿色矿山建设自评报告，申请相应级别的绿色矿山，对达到绿色矿山建设要求，并获得批准的绿色矿山企业给予相关优惠政策。

（3）坚持矿山地质环境分阶段保护

坚持"在保护中开发、在开发中保护"和"事前预防、事中治理、事后恢复"的原则，将矿山地质环境保护贯穿于矿产资源开发全过程。严格把控矿产资源开发利用的环境保护准入管理，在禁止开采区严禁新建矿山，将矿产资源开发活动对环境的影响减少到最低程度。新建矿山必须开展环境影响评价，实施矿产资源开发利用方案、矿山地质环境保护与土地复垦方案等同步编制、同步审查、同步实施的"三同时"制度。生产矿山必须严格按照批准的开发利用方案、矿山地质环境保护与土地复垦方案等要求从事采掘活动和矿山地质环境保护，切实履行矿山地质环境治理恢复义务，努力实现同步治理恢复。

（4）开展矿山土地综合复垦再利用

通过全面推进矿区损毁土地复垦，提高历史遗留矿山损毁土地复垦利用程度，全面复垦新建、在建矿山损毁土地。鼓励结合生态功能修复和后续资源开发利用、产业发展等需求，对矿山进行科学、合理、高效的再次利用。鼓励依据国土空间规划在矿山修复后土地上发展旅游观光、农业综合开发、养老服务等产业。合理制定矿山系统修复、资源综合利用方案，优化矿区国土空间格局。

3. 修复治理成效

历经4年示范工程的实施，大通煤矿矿山地质环境问题基本得到解决，重大地质灾害隐患得到防治，大量破坏和影响土地的矿业活动得到管控，影响交通及旅游景观的道路得以修缮，影响区居民得以搬迁安置，为大通县人居生态安全及城市转型打造良好的地质环境。最终，大通煤矿修复治理工作在社会效益、经济效益和环境效益方面取得了综合成效。

（1）社会效益

大通煤矿地质环境综合治理示范工程产生的社会效益主要表现在三个方面。首先，系统改善和解决了沉陷区近5500户受损居民的住房问题，并依托修复工程建设，创造了约4000个就业机会，保障了社会民生的稳定。其次，系统完善了采煤沉陷区的基础设施，对沉陷区内水渠、供电、供水、通信等基础设施进行全面维修和提升。最后，通过系统治理，提升土地综合使用效率，集中复垦治理了塌陷区内的农田，为矿区及周边地区经济社会可持续发展做出贡献。

（2）经济效益

通过废旧矿山重点工程的实施，系统整治修复了采空塌陷区土地4.4km^2，其中新增耕地693ha，复垦后每年可为当地农业总产值增加约1040万元[1]。另一方面，用地效益得到显著提升，累计腾挪置换建设用地指标近3km^2，修复道路34.8km，修建排水渠13km、拦渣挡墙15km，修复明长城、老爷山周边景区生态环境。通过项目实施，减少了上亿元的地质灾害损失，加上农田单产产量恢复、粮食总产量提高等，经济效益也得到显著提升。

此外，大通煤矿地质环境综合治理示范工程项目区紧邻大通县老爷山旅游风景区及明长城遗址，通过矿山地质环境综合治理，有效改善和提升了风景名胜区、历史遗迹周边区域景观。

（3）环境效益

首先，通过对大通县废旧矿山区域地质环境的生态恢复治理，最大限度消除因矿业活动引发的地质灾害隐患，降低地区水土流失、地面沉陷等地质灾害风险，有效推进了废旧矿山向"绿色矿山"的良性转变，对构建和谐社会及打造绿色矿山意义重大。

其次，煤矿塌陷区修复后生态效益得到显著提升。通过恢复耕地、植树造林等方式，项目区新增林地面积约4.8km^2，植被覆盖率得到进一步提升，有效改善了矿区的地貌景观。

最后，探索总结一套适应高海拔、半干旱地区废旧矿山生态修复治理的可行性办法，总结出一套行之有效的废旧矿山修复治理模式，为后期同类型矿山治理恢复提供宝贵经验。

二、裸露山体生态修复工程

裸露山体是南北山生态修复治理的重要对象。从1989年开始，西宁南北山治理工作的重点就是一步步减少裸露山体的面积，与荒争地，与山抢地，逐步将裸露的地表建设为绿色森林。为此，裸露山体的修复治理，采取

1　数据来源：按照2012年青海省西宁市当地农田平均年产值1.5万元/ha计算

了一系列工程措施，其中成效显著的有南北山海绵城市建设、西堡生态森林公园建设、南北山三期绿化工程建设、南北山国家级环城生态公园建设等项目。

（一）南北山三期绿化工程建设

1. 工程概况

南北山绿化工程自1989年启动以来，先后经过一期、二期工程和大南山生态绿色屏障建设等工程的实施，在西宁市南北两山区域共计完成造林面积24.6万亩。2015年，西宁市进一步启动南北山三期绿化工程建设工作，规划用6年的时间对西宁主城区通向大通县、湟源县、湟中区的主要通道两侧及县城周边地区的27万亩宜林地实施高标准造林，进一步筑牢青海东部生态安全屏障。

2. 项目实施

在南北山三期绿化工程建设过程中，基本遵循了"先上水、后绿化"的思路，充分立足于西宁市降雨气候条件，规划提出工程节水灌溉的设计要求，经统筹规划布局，构建和完善了南北山区域绿化水源和用水灌溉设施网络体系。

3. 实施成效 [1]

2018年底，南北山三期绿化工程完成27万亩绿化种植任务，比规划目标提前了整整两年。至此，南北两山地区绿化总面积达到了51.6万亩，基本实现了再造一个"南北山"森林的奇迹。

在南北山绿化三期工程实施后，各类基础设施建设也得到了全面提升。据统计，南北山绿化三期工程累计新建大小水泵站38座，累计建设蓄水池410座，基本实现了绿化水源的全方位、全高程、全视角覆盖。三期工程共安装输水管道76km，并铺设了2019km的配套管网。通过绿化水源和灌溉设施的全覆盖布局，实现了对17万亩绿化灌溉区的有效控制。此外，在配合水利绿化基础设施项目建设的同时，三期工程还配套完成了260km的山地土路建设，为后期林地森林抚育和工程作业提供了便利。

---

1 资料来源：西宁市林业和草原局提供

图4-33 南北山三期针阔混交林实景（西宁林草局提供）

图4-34 南北山三期湟中区造林实景图（西宁林草局提供）

（二）青海西宁环城国家级生态公园

1. 工程概况

西宁市2016年启动实施了青海西宁环城国家生态公园（试点）建设，公园规划总面积23.8万亩，分为四个主体片区，分别为南山生态运动休闲区、北山生态文化体验区、西山生态景观观赏区、小有山林业科技展示区。

西宁环城国家级生态公园规划期限为2016-2025年，规划目标是在现有生态景观的基础上，打造一处自然生态系统良好、景观功能突出，集生态观光、生态科普、文化体验等功能于一体，吸引力与辐射力强的森林生态旅游目的地。

2. 实施情况

2015年，国家林业局批复西宁环城国家生态公园（试点）建设，立足于南北山不同区域自然资源本底情况，自2016年开始，开展持续9年的环城国家级生态公园建设工程。

北山生态文化体验区：立足现有的土楼观、北禅寺、宁寿塔和大墩岭公园，以九家湾村为起点，以韵家口为终点，打造长13.2km的北山生态文化观赏步道和17km长的杨沟湾森林生态观赏步道，重点展示高原山水、林带、花海和人文景观相融相衬的生态文化特色。

南山生态运动休闲区：在南禅寺、南山公园、九眼泉、红叶谷休闲生态园的基础上，以沈家沟为起点，以羚羊路为重点，打造长12km的火东生态景观观赏步道、13.7km长的火西社会化营造林观赏步道，以展现水土流失治理后高原山地生态样板。

西山生态景观观赏区：立足湟水森林公园、青藏高原野生动物园、西宁市园林植物园、高原明珠观光塔等现有基础，重点打造7.7km长的塔尔山运动休闲体验步道、12.8km长的南酉山森林文化观赏步道，形成集生态、人文、山地、红色旅游于一体的多元森林文化旅游体验。

小有山林业科技展示区：以青藏高原现代林业科技产业园为基础，重点打造森林科普、高原生态、休闲运动为主要功能的山地林业科技展示空间。规划构建16.7公里长的小有山林业科技展示观赏步道，综合体现运动健身、乔灌草结合的近自然的稳定生态系统。

3. 建设成效

青海西宁环城国家级环城生态公园建设高起点站位，以规划为引领，较为系统地进行了环城生态区的建设工作。自环城国家级生态公园规划启动以来，已累计完成了23.8万亩南北山区域森林质量精准提升工作，完善了区域内灌溉配套设施和道路，配套形成了电力、管护房等基础设施。工程构建了更加丰富的南北山景观游憩体验点，包括北山美丽园、湟水森林公园、文峰耸翠、石峡清风等多个景观体验目的地，并推动了塔尔山运动体验公园的建设。

工程系统提升了西宁主城浅山地区森林生态质量和固碳增汇能力；实施低效林改造及退化林分改造工程4000ha，落实了15586ha林地管护任务；实施造林绿化工程，共完成造林绿化4866ha，完成森林抚育过万公顷，提前超额完成造林绿化及森林抚育工作；开展了青藏高原现代林业科技产业示范园景区、北山美丽园景区、西山野生动植物观赏景区、南山旅游风景区等景区景点及基础设施建设。

三、水土流失生态治理工程

水土流失治理是西宁多年来持续生态改善的重要方向，也是南北山生态环境改善提升的关键，水土流失治理的主要对象包括山洪沟道治理工程、南北山海绵工程等。

（一）西宁市南北山（西山段）海绵工程项目

1. 项目概况

2016年，西宁被评为国家海绵建设试点城市，开始启动为期三年的海绵城市建设，西宁市海绵城市办公室组织编制了《西宁市海绵城市建设专项规划（2016-2020年）》，按照"因地制宜、系统集约"的原则，提出"治山、理水、润城"的海绵城市建设理念，着力构建"山、水、城"一体海绵共治的生态新格局。

其中，西山作为南北山海绵工程建设的重点区域，探索出以排水分区为核心的山体海绵修复工程，对区域裸露山体和水土流失治理具有重要作用。

西山海绵化改造及景观提升工程位于西宁市火烧沟地段，是西宁西堡森林生态公园建设的重要门户工程之一，涉及小流域分水区包括箱涵汇水分区和解放渠汇水分区。工程的重点是通过对区域内的裸露山体、沟道、林地等要素进行系统分区,并对每个生态分区提出有针对性的管控目标、修复治理措施和修复要求。

2. 实施情况

(1)规划目标与要点

西山所在南山地区是距离西宁市最近的重要生态屏障,其生态安全关乎西宁市的生态安全,具有极其重要的生态价值。在西山海绵城市建设工程初期,工程提出从生态海绵、集约海绵、系统海绵三个方面构建城市生态安全格局,通过划定山体生态海绵提升区,保护现有山地林地、基本农田,并在重要的山体可视面、立地条件较好的地区开展生态恢复及海绵改造,保护草地、灌木林地、湿地,维持山体生态系统的多样性。

西山海绵化改造及景观提升项目具体规划目标是:山体林木覆盖率不小于85%,山体水土流失治理比例不小于80%,年径流总量控制率达到98%,山体冲沟防洪标准达到30年一遇标准。

(2)山体海绵排水分区

工程按照"源头削减、过程控制、系统治理"的水文过程原理,推进西山裸露山体海绵改造、生态修复、冲沟治理、基础设施提升等海绵建设工作,极大巩固了西宁几代人的生态造林成果,为西宁市生态文明建设打下坚实基础。

在充分立足"山、水、林、城"等重点要素的基础上,根据《西宁市海绵城市建设试点13排水分区海绵化改造总体规划》,西山海绵化改造及景观提升项目跨越了Ⅲ-13-1、Ⅱ-13-3和Ⅱ-13-4三个排水分区。其中,Ⅲ-13-1排水分区面积72.8ha,Ⅱ-13-3排水分区面积167.42ha,Ⅱ-13-4排水分区面积130.18ha,整个汇水分区Ⅱ外部南侧山体雨水汇流面积460ha,超标雨水汇流至火烧沟和解放渠,再排入火烧沟箱涵。

3. 建设成效

西山海绵化改造及景观提升项目以保护高原森林为基础,兼顾西山生态景观和森林游赏需求,进一步筑牢了西宁市重要生态屏障。通过海绵改造、生态修复、冲沟治理等一系列"治山"措施,西山项目完成项目指标,解决138932m³雨水径流量,达到99.9%的年径流总量控制率,消纳173.7mm降雨。土壤侵蚀控制量在51676m³,达到100%的水土流失治理比例。

此外,西山项目整体提升西山地区水体生态安全,探索了西山裸露山体

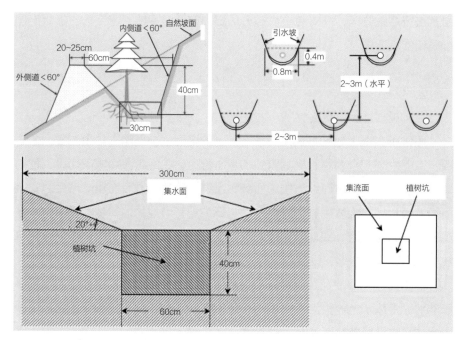

图4-35　水平阶（左上）、鱼鳞坑（右上）、漏斗式集流坑（下）整地示意图

生态修复治理模式。

　　西山项目以问题为导向，构建"源头修复与削减、过程引导与控制、系统综合治理"的全系统化建设实施路径，实现西宁试点区的海绵城市建设目标，探索了以山体雨水径流过程梳理为主线，有机串联生态修复、小流域治理、水土保持、地质防治等各项内容，最终实现城市山体生态安全的西北地区海绵城市建设的"治山"模式，达到"水不下山，泥不出沟"的水生态、水环境、水安全要求。通过项目的改造提升，不仅为西宁市市民提供了一个出游登高、休闲游憩的好去处，还通过整合植物园、动物园、森林公园景观资源和游线，改善基础设施，完善了整个山体片区的区域旅游系统。

（二）火烧沟水土流失生态修复治理工程[1]

1. 项目概况

　　火烧沟位于西宁市城西区湟水河南岸，是一条天然形成的山洪冲击河沟，属于湟水河一级支流，黄河的二级支流。火烧沟流域总面积131km²，其中常年水土流失面积近110km²，占流域总面积的85%，属于典型的青海

1　资料来源：西宁市城西区火烧沟生态修复综合治理指挥部办公室

省东部黄土高原丘陵沟壑区。火烧沟流域整体地势由西南向东北倾斜，地形起伏较大，地貌主要由山梁、坡地、沟谷单元组成，流域内山高坡陡，沟道侵蚀严重、两侧严重坍塌，地质灾害隐患、水土流失等问题严重，加之散乱建筑遍布主沟两侧，"小散乱污"企业违规排污等问题严重破坏生态环境。

2016年，为进一步改善火烧沟面临的水土流失、地质灾害等安全隐患，助力西宁绿色发展样板城市建设，西宁市启动了火烧沟生态修复综合治理项目。

围绕西宁西堡森林生态公园"城市绿芯"建设，火烧沟水土流失生态修复治理项目以切实改善火烧沟流域生态环境质量、补齐生态短板、改善人居环境为目标，助力打造西宁高原生态"绿谷"。项目的主要内容为流域生态修复、环境污染治理、土地平整、管网铺设、边坡修复、道路提升等基础设施建设。

2. 实施情况

目前，火烧沟生态修复综合治理建设项目已完成工程建设，并陆续推动了火烧沟景观绿化及海绵工程、火烧沟乡村振兴综合示范区等项目的开展，火烧沟水土流失情况得到了极大改善，流域生态环境得到全面提升。

在火烧沟生态修复综合治理建设项目中，遵循因地制宜、规划先行的原则，对火烧沟进行基础调查和研究，对于土壤侵蚀和水土流失严重的坡面，结合工程措施和生态植被恢复的方法综合治理。并启动编制了《西宁火烧沟综合治理详细规划（2017-2025）》，统筹指导火烧沟流域水土流失综合治理。

在火烧沟流域综合治理过程中，工程充分立足地形条件，探索总结出适用于火烧沟地形地貌特点的三步治理路径。

步骤一：整理沟道垃圾，消除安全隐患。有序迁移火烧沟洪水隐患范围内构筑物、垃圾点，逐步消除安全隐患，推进沟道坡道修复，防范滑坡、崩塌等地质灾害的发生。

步骤二：因地制宜，探索岸线治理模式。根据不同地形坡度，探索出亲水缓坡、植被缓坡、台地式削坡、折线式削坡4种岸线治理模式，系统联通水系廊道。通过沟道岸线的修复，有目的地构建和恢复沟道生态廊道，并在低洼汇水地带布局建设小微湿地，连通城市蓄排水工程，减少沟道上游泥沙对下游的堆积。

图4-36　亲水缓坡（左）、植被缓坡（右）岸线治理模式示意图

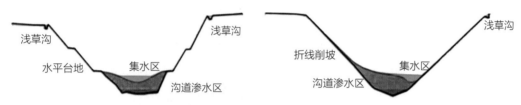

图4-37　台地式削（左）、折线式削坡（右）坡岸线治理模式示意图

步骤三：以植树造林改善火烧沟生态景观品质。因地制宜，利用火烧沟两侧台地式山地特点开展植树造林，建设海绵体阶地风景林。同时，选择视线开敞地带，布局建设绿道、观景阳台和观景点等类型丰富的观景设施，以绿道为脉络串联各山体公园、绿地公园，进一步丰富西宁市近郊休闲游憩系统。

3. 建设成效

火烧沟水土流失生态修复治理前，流域内自然灾害隐患显著，常年的水土流失造成沟道两侧山体植被稀少，且企业违规排污破坏生态的现象较为普遍。

火烧沟水土流失生态修复综合治理项目启动实施以来，通过采取沟道工程、护岸工程、小型蓄排水工程对沟道水土流失严重区域进行工程治理，累计完成沟道岸线治理修复1.5km。项目有序对火烧沟流域内195户各类"小散乱污"企业、69处违法建设进行拆除，总征拆面积约12.74万m²。同时，完成垃圾清运80万余方、渣土整治5.75万余方、堰塞湖整治回填10万余方。此外，工程系统推进火烧沟基础设施建设，累计完成景观绿化面积近120ha，火烧沟区域绿化率由治理前的不足10%提升到治理后的70%，完成绿化灌溉管网建设5.5km，完成8万余平方米的文体公园建设。

图4-38　火烧沟修复治理前实景

图4-39　火烧沟修复治理后实景

　　通过一系列生态修复工程治理，火烧沟区域生态环境得到了有效改善，既增加了区域植被覆盖率，促进生态平衡，又减少了水土流失等地质灾害风险，提高了下游城区生态安全系数。

　　同时，通过火烧沟水土流失修复治理，也推进了西宁市生态"绿谷"的建设，进一步提升火烧沟生态系统的完整性和人居环境质量，为西宁市城西区招商引资打下了坚实的基础，也为西宁市输送最优的生态能量，打造西宁市生态修复及综合治理的典范，使火烧沟成为名副其实的城郊绿楔。

四、森林火情防治生态工程

在西宁高原高寒半干旱的气候条件下，某种程度上而言，森林火情防治的重要性不亚于山体绿化修复。受限于经济发展水平和科技水平的现实条件，西宁南北山在森林防火建设工作中长期处于滞后状态。随着南北山绿化面积的持续增加，森林灭火取水点、防火隔离设施建设日渐提上日程，通过借助科技手段，实行科学森林防火防控，陆续推进了森林重点火险区综合治理二期、市级森林防火指挥中心建设、林场森林防火基础设施、森林抚育等几大工程。

（一）西宁市森林重点火险区综合治理二期项目

林业部门实施了西宁市森林重点火险区综合治理二期项目，新建林火瞭望监控系统18套，中控设施1套。同时，加大森林防火宣传、督导和检查力度，不断强化各项防扑火措施的落实，消除火灾隐患，有效控制了森林火灾发生，全市保持了连续29年无重特大森林火灾的好成绩。

（二）西宁市森林防火指挥中心建设

依托西宁市森林重点火险区综合治理二期项目，建设西宁市森林防火指挥中心，建设内容包括新建7台大型远程摄像机、22台球机、8台枪机，以及监控指挥中心机房建设等。配套建设防火检查站16处，购置保障车2辆以及必要的扑火机具装备。

（三）完善林场森林防火基础设施建设

依托国有林场改革，林场基础设施得以改善。通过拉设饮用水管道、铺设低压线路、购置变配电设备、铺设天然气管道等措施从根本上解决影响林场生产生活的重大问题，改善了国有林场的生产生活环境。工程建设了林场森防、防火物资储备库，修建管理用房、管护用房，建立森林资源监控中心，以改善林场管护设施。在部分林场推进了旅游宾馆、环保公厕、观景平台、防护栏、防腐木质游步道、环卫系统、休闲座椅等基础设施的建设。

（四）持续开展森林抚育经营

森林抚育经营可以有效巩固林地绿化的成效，林业部门采取多种森林抚育方法提升林地质量，包括加强征占用林地和林木管理工作、加大执法检查工作力度、严格各项审批工作、巩固造林绿化成果等。通过加大森林抚育、退化林分修复、低效林改造，科学开展森林经营，进一步精准提升森林质量。通过持续有效的工作投入，南北山森林抚育经营共完成森林抚育33万亩，退化林分修复6万亩，低效林改造1万亩，森林资源得到有效增长和保护。

Chapter **V**

Evaluation and Effectiveness

第五章

评估与成效

　　生态修复是长期的系统更新过程，修复工程的实施只是一个受损生态系统开始修复和演替的起点，如要达到预期生态修复目标和成效，则需要持续不断的人工和自然干预来推动生态演替的进程，因此，生态修复后的成效评估工作就显得尤为重要。

　　当前，国内众多生态修复工作取得了斐然的成绩，曾经受损的各类山川、河流、湖泊、湿地、草原、海洋等生态系统正在经历一系列的修复治理，但我国生态修复后的成效评估工作仍相对滞后。一是当下的生态修复工作侧重于投资端和工程端，对修复工程实施后的效益跟踪不足；二是生态修复工程的成效评估也缺乏系统的有效的科学评估方法，效益评估体系尚待进一步建立。

　　本书立足于西宁市域生态环境特色，在充分研究和分析区域自然环境条件、生态系统结构、生态环境演变机制的基础上，采用多因子模糊评价的方法，尝试探索建立一套符合西宁地方实情的生态修复成效评估方法，对西宁市山体已开展的废旧矿山、裸露山体、水土流失、森林火情等各类生态修复工程进行综合成效评估。同时，结合地方调研和座谈的基础，对西宁山体生态修复带来的生态效益、经济效益、社会效益进行梳理、提炼和总结，并对未来西宁山体生态修复的实施保障工作提出了一些建议。

第一节　模糊评价法

　　模糊评价法又称模糊综合评价法（Fuzzy Comprehensive Evaluation Method），是一种基于模糊数学对由多个因素共同影响的对象进行评判的方法，其优点在于将模糊的评价对象，通过精确的数学关系式和矩阵模型，以精确的数据形式呈现，进而加以评估和指导未来工作。同时，由于评价对象受多个影响因子的综合作用，对各类评价指标的选取主观性较强，故对因子的选取和评判结果需进行多角度论证。

一、模糊评价法构建过程

模糊评价法应用的具体过程包括6个步骤：①确定评价对象的因素集合；②确定各影响因素的评判指标集；③确定各评价因子的权向量；④进行单因子模糊评价，确立模糊关系矩阵；⑤多指标综合评价，合成模糊综合评价结果；⑥分析多个关键相关性因子的综合效果。

1. 确定评价对象的因素集合

进行模糊评价的第一步是要根据被评价的对象，确定核心影响要素。西宁山体生态综合影响因素较多，其中影响权重较大的有废旧矿山、裸露山体、水土流失、森林火情4个维度，设 $Y=(Y_1+Y_2+Y_3+Y_4)$ 为山体生态修复的4种评价因子函数，即：

山体生态修复综合评估 $Y=$（废旧矿山修复 Y_1+裸露山体修复 Y_2+水土流失修复 Y_3+森林火情防控 Y_4）

各类修复因素的综合结果即是西宁市域山体生态修复的评估值，其对未来西宁市域山体生态修复具有重要的指导和借鉴意义。

2. 确定各影响因素的评判指标集

确定各类影响因素是进行模糊评估的第一步，随后就需要对具体评价因素的影响因子进行综合筛选，确定评判因素的评判指标集。以废旧矿山因素为例，其对应的评价指标包括矿山破损度、植被覆盖度（NDVI）、景观破碎度和土壤因子等四个层面，每个层面分别包含对应的指标类型，如矿山破损度指标中细分为矿山最大斑块指数（ K_1 ）、矿山地表裸露指数（ K_2 ）、矿山植被覆盖比（ K_3 ）、水土流失比（ K_4 ）。以此类推，再分别确定植被覆盖度（NDVI）、景观破碎度和土壤因子等影响因素的评判指标集。

3. 确定各评价因子的权向量

明确各评价因素的评判指标集后，对选定的各个评价因子进行权重打分，确定各类因子的重要影响程度，包括选用专家打分（评估）法、加权平均法、德尔菲法、特征值法等方法，进行分级打分。

4. 确立模糊关系矩阵，进行单因子模糊评价

在废旧矿山、裸露山体、水土流失和森林火情等四个影响因素中，

每个影响因素都是由多个影响因子综合作用产生的，均适用于单因子的模糊评价。确定各类影响因素的评价指标集和指标打分后，下一步即构建模糊关系矩阵，一般以时间、空间或规模作为横向向量，进行综合性矩阵建立。

5. 多指标综合评价，合成模糊综合评价结果

根据评判对象类型，以及模糊关系矩阵，对各类影响因素进行合成模糊综合评价，其横向评价维度包括时间、空间或规模等。本书对西宁山体生态修复成效的评估主要采用时间维度，评判不同时间节点的模糊综合评价成效，以便为总体模糊评价结果做好准备。

6. 分析多个关键相关性因子的综合效果

模糊综合评价的结果是被评价对象各等级模糊子集的隶属度，一般是一个模糊矢量，而不是一个点值，因而能够提供的信息比其他方法更丰富，本书对多个评价对象进行比较并排序，需要进一步处理每个评价对象的综合分值，根据分值大小将评价结果转换为综合分值，为未来相关工作提供指导。

二、模糊评价法的应用与准备

我国模糊评价法的应用研究起步较晚，关肇直等人提出了我国模糊集合论的研究基础，汪培庄则以模糊数学为基础构建了具体的模糊评价方法。模糊评价法因其能有效对多个边界不明晰的因子进行综合评估的特点，被广泛应用于多种因子共同作用后的综合效果评估，在旅游服务（薄湘平等，2005）、水利工程（陈守煜，2004）、企业经营（孙琦等，2005）、绩效管理（武继兵等，2006）、生态评估（朱国宇等，2011）等多个领域具有广泛应用。

本书在对西宁市域山体各类生态问题及生态过程模拟的基础上，采集2008—2018年的相关数据，以多层次模糊评价法理论进行西宁山体生态修复效果的评判，提出影响因子包括矿山修复、裸露山体修复、森林防火防护、水土流失修复4个维度，各维度影响因子均为指导西宁下一步山体生态修复工作提供有效参考。

第二节   基于模糊评价法的山体 生态修复成效评估

一、构建多层次模糊综合评价法

本书基于西宁自然山体本底特点，立足西宁市山体生态环境的实际情况，以山体生态修复可持续性为目标，采用多层次模糊评价法对西宁市山体生态修复进行综合评价。本书系统构建了一套含目标层级、标准层级、指标层级3级的评价指标体系，每个层级指标彼此独立，同时也相互作用，分别从矿山修复、裸露山体修复、森林防火防护、水土流失修复4个维度进行山体生态修复综合评价，具体评价关系如图所示：

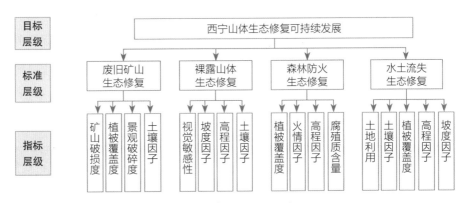

图5-1   西宁市山体生态修复综合评价指标体系（王小兵 绘）

西宁市山体生态修复多层次模糊综合评估数学模型为：

$$Y = \sum_{i=1}^{n} W_i \cdot R_i$$

其中，$Y=(Y_1+Y_2+Y_3+Y_4)$，即为山体生态修复综合评价结果，通过对上述4个维度因子进行综合评判，主要采用加权平均型模型进行测算，分别对4个维度评价因子进行评判得到最终结果；W_i为各评价指标的权重，对应标准层级中的具体单一指标因子类型，反映某一因子生态修复的整体状况；R是对应单个指标无量纲化后的值，i为评价指标个数。

针对上述4个不同维度的指标特点，在进行西宁市域山体生态修复综合评价过程中,应遵循以下原则:①指标定性主要采用国家标准作为评价的标准值;②对于一般性指标,则参照行业相关指标值来界定其范围;③根据各因子的复杂情况,每个维度的生态修复值共设四个等级,零分值(Zero Level,ZL)、改进值(Improve Level,IL)、满意值(Satisfy Level,SL)和满分值(Full Level,FL),分别对应评价值为ZL=0,IL(0~0.6)、SL(0.6~0.8)、FL(0.8~1.0)。

二、西宁山体生态修复多层次模糊综合评价

由于山体生态修复涉及的评价维度较多,且各维度的评价体系及计算过程原理基本一致,故本章节重点选取废旧矿山这一维度进行生态修复效果综合评估,其评估结果具有可传导性,对于裸露山体、水土流失、森林火情同理可用。废旧矿山生态修复多层次模糊评价涉及指标分别为矿山破损度、植被覆盖度(NDVI)、景观破碎度和土壤因子。

考虑到西宁市域废旧矿山数据资料来源的可靠性和完整性,结合遥感卫星解译数据和地质矿产资源普查,分别选取2008年、2013年、2018年三个年份作为指标评价年份,其中2008年为背景值,西宁市域废旧矿山生态修复评价指标表为:

表5-1　西宁市市域废旧矿山多层次模糊综合评价指标表[1]

标准层级	指标层级		单位	2008年	2013年	2018年
	I级	II级				
废旧矿山生态修复综合评价	矿山破碎度(K)	K_1矿山最大斑块指数	—	0.27	0.45	0.68
		K_2矿山地表裸露指数	—	0.79	0.81	0.62
		K_3矿山植被覆盖比	%	26.1	18.3	29.5
		K_4水土流失比	%	67.9	73.2	54.3
	植被覆盖度(N)	覆盖度NDVI	—	964.7	832.3	1013.4
	景观破碎度(L)	L_1景观多样性	—	0.78	0.71	0.83
		L_2林地平均斑块面积	Hm²	8	5	11
		L_3景观连通度	—	0.027	0.023	0.029

1　矿山破碎度数据来源青海省地质环境监测总站,土壤因子数据来源青海省地质勘查设计院,植被覆盖度及景观破碎度因子通过2008—2018年卫星遥感解译得到

续表

标准层级	指标层级		单位	2008年	2013年	2018年
	I 级	II 级				
废旧矿山生态修复综合评价	土壤因子(S)	S_1土壤含水量	%	19.3	16.6	23.4
		S_2土壤紧实度	kPa	470.7	562.1	784.9
		S_3pH值	—	8.67	8.56	8.68
		S_4有机质	g/kg	4.76	4.95	5.13
		S_5有全N	g/kg	0.09	0.11	0.08
		S_6有效P	g/kg	4.32	4.51	5.07
		S_7速效K	g/kg	43.25	41.73	39.88

在所选定的指标中，大部分指标值与相应的标准层级具有正相关关系，认定其为正指标，计算此类指标的多层次模糊综合矩阵可采用如下方法：设定指标值为1，零分值、改进值、满意值和满分值分别为 ZL、IL、SL、FL，多层次指标模糊综合矩阵处理值以 WI 表示，则：

$$WI = \begin{cases} 0 & \text{当 } I < ZL \\ (I-ZL)/(IL-ZL) \cdot S & \text{当 } ZI \leq I \leq IL \\ S+(I-IL)/(SL-IL) \cdot (I-S) & \text{当 } IL \leq I \leq SL \\ S+(I-SL)/(FL-SL) \cdot (I-S) & \text{当 } SL \leq I \leq FL \\ 1 & \text{当 } I > FL \end{cases}$$

另有部分指标值与相应的准则具有负相关关系，认定其为逆指标，其指标多层次模糊综合矩阵可采用如下方法计算：

$$WI = \begin{cases} 1 & \text{当 } I < FL \\ S+(SL-I)/(SL-FL) \cdot (I-S) & \text{当 } FL \leq I \leq SI \\ S+(IL-I)/(IL-SL) \cdot (I-S) & \text{当 } SL \leq I \leq IL \\ (ZL-I)/(ZL-IL) \cdot S & \text{当 } IL \leq I \leq ZL \\ 0 & \text{当 } I > ZL \end{cases}$$

综合上述正指标及逆指标，得到废旧矿山各项指标的多层次模糊综合矩阵结果，如表5-2所示：

表5-2　西宁市市域废旧矿山多层次模糊综合评价矩阵结果

标准层级	指标层级		2008年	2013年	2018年
	I级	II级			
废旧矿山生态修复综合评价	矿山破碎度（K）	K_1矿山最大斑块指数	0.03	0.22	0.87
		K_2矿山地表裸露指数	0.88	0.71	0.69
		K_3矿山植被覆盖比	16.3	10.1	22.0
		K_4水土流失比	45.5	64.7	43.9
	植被覆盖度（N）	覆盖度NDVI	0.46	0.87	0.96
	景观破碎度（L）	L_1景观多样性	0.67	0.81	0.89
		L_2林地平均斑块面积	0.74	0.46	0.93
		L_3景观连通度	0.72	0.65	0.84
	土壤因子（S）	S_1土壤含水量	0.76	0.67	0.70
		S_2土壤紧实度	0.45	0.84	0.98
		S_3pH值	0.435	0.873	0.967
		S_4有机质	0.87	0.91	0.96
		S_5有机N	0.72	0.61	0.46
		S_6有效P	0.73	0.76	0.93
		S_7速效K	0.560	0.754	0.872

根据上述得到的指标权重和标准值对西宁市域废旧矿山2008年、2013年、2018年三个时期进行综合评价，得到各指标层级对应的年评价值，然后采用加权平均法对上述指标权重和评价值进行逐层合成，得到西宁市域废旧矿山生态修复多层次模糊评价结果。

表5-3　西宁市域废旧矿山多层次模糊评价结果表

标准层级	指标层级	2008年	2013年	2018年
废旧矿山生态修复综合评价	矿山破碎度（K）	0.456	0.427	0.341
	植被覆盖度（N）	0.478	0.492	0.634
	景观破碎度（L）	0.637	0.562	0.429
	土壤因子（S）	0.534	0.578	0.595
	综合	0.462	0.506	0.613

由表可知，西宁市域范围内废旧矿山生态环境从2008年的改进值（IL=0.462），逐步达到2018年的基本满意值（SL=0.613），山体生态环境在经历多年的改善和治理后得到不断修复和改善。

从2008年遥感图及综合评价结果来看，西宁市域废旧矿山正处于快速发展阶段，对区域环境破坏有明显的影响，到2013年，废旧矿山所造成的生态破坏开始有所好转，但依旧处于改进值范围，到2018年，西宁市域废旧矿山生态环境有了进一步改善，部分露天矿山区域开始采取生态修复治理措施，矿山修复环境基本达到满意值（$SL=0.613$）。

同理，对裸露山体、水土流失、森林防火3个标准层级在2008年、2013年、2018年三个年份的生态修复状况进行多层次模糊综合评价，结果如表5-4所示。

表5-4　西宁市域废旧矿山多层次模糊评价结果表

目标层级	标准层级	2008年	2013年	2018年
西宁市市域山体生态修复综合评价	废旧矿山生态修复综合评价	0.462	0.506	0.613
	裸露山体生态修复综合评价	0.274	0.312	0.407
	水土流失生态修复综合评价	0.341	0.406	0.536
	森林防火生态修复综合评价	0.576	0.633	0.720
	综合	0.428	0.539	0.612

综上可知，西宁市域山体在2008-2018年间，其生态环境治理方面进行了较为有效的改善，从2008年的改进值（$IL=0.428$），逐步达到2018年的基本满意值（$SL=0.612$）。

其中，废旧矿山治理和森林防火防治等维度已经取得了较好的结果，但在裸露山体治理、水土流失治理等维度，依旧存在较大的改善空间，需要通过加强生态修复治理进一步解决山体生态问题。

三、西宁山体生态修复成效评价

通过ArcGIS模型构建器对现状要素、过程模拟、安全格局构建、空间分区等内容进行分析，本书系统建立了西宁市山体生态修复评估方法，得到结论如下：

（1）在西宁市域范围内的山体生态修复问题中，废旧矿山生态修复评价在现有生态修复措施和工程治理下，其结果到2018年基本达到满意值（SL，0.613），但在废旧矿山景观因子破碎度和土壤涵养水源等指标层级上仍需加强和改善治理。

（2）现阶段，西宁市域范围内山体生态问题集中表现在水土流失、裸露山体两个方面。其中，水土流失生态修复多层次模糊综合评价值为改进值

(Improve Level，*IL*)，具体分值为0.536，裸露山体生态修复多层次模糊综合评价值为（Improve Level，*IL*），具体分值为0.407。裸露山体与水土流失具有高度相关性，均需要通过提高山地植被覆盖度，减少泥石流、滑坡等地质灾害风险，加强海绵城市建设等方法进行治理和改善。

（3）西宁市域山体在2008年-2018年间，其生态环境治理方面开展了较为有效的改善，从2008年的改进值（*IL*=0.428），逐步达到2018年的基本满意值（*SL*=0.612）。其在废旧矿山治理和森林防火防治等维度已经取得了较好的治理效果，但在裸露山体治理、水土流失治理等维度依旧存在较大的改善空间，需要通过加强生态修复治理进一步解决山体生态问题。

第三节　西宁市山体生态修复效益评估

从1989年南北山绿化指挥部成立至今，已历时30余年。30多年来，青海省和西宁市各级政府机构始终秉承着绿化南北山的理念，坚持"一张蓝图"绘到底，一任接着一任干，以"功成不必在我，功成必定有我"的精神，将生态修复、造林绿化、改善生态环境摆在经济社会发展的突出位置。西宁市南北山生态修复和绿化工作是深入贯彻落实习近平总书记关于"两山"理论、"四库"理论和"四个扎扎实实"的重大要求和具体行动，是对"呵护和建设每一寸美丽国土"的生动诠释。

生态修复的效益评估是对生态修复工程效果的总结和量化评价，包含了生态效益评价、社会效益评价和经济效益评价三个层面。南北山30余年绿化历史，积淀了丰富宝贵的资源，在生态效益、社会效益和经济效益上都有显著的成效。

本书所探讨的西宁南北山生态修复效益评估的对象包括废弃矿山的修复治理、裸露山体的修复治理、水土流失修复治理、森林火情防治等四大内容。

其中，废弃矿山的修复治理重点针对南北山主要山体范围内的废旧矿山，通过修复治理或景观改造再利用实现"生态系统功能提升"。裸露山体修复通过裸露山体坡改梯田工程、重要景观节点治理工程、海绵城市建设工程等方式，使南北山裸露地表在水土保持、调节气候、改善生物多样性等综合生态效益得到明显增强。水土流失治理通过地质灾害防治工程、山体植被绿化工程，有效改善山体生态环境，减少山洪等自然灾害，提升山体生态安全性。森林火情防治重点通过森林经营抚育、森林防火指挥部建设、森林灭火报警设施建设、森林灭火取水设施分等级建设等多种措施，综合提升森林火情防治的能力。

一、生态效益

绿水青山就是金山银山，良好的生态环境既是自然财富，也是经济财富，关系到社会经济发展潜力和民生福祉。借助于一系列山体生态修复工程的落地实施，南北山生态修复实践探索为西宁市带来的生态效益尤为可观。

首先，历经三十余年持续不断的绿化改造，初步构建了以人工林为主的南北山森林生态系统。至2019年，西宁南北山工程绿化总面积达到51.6万亩，两山森林覆盖率由1989年的7.2%提高到75%，提高了67.8个百分点，新增森林面积占西宁市区森林面积的71%，为市区森林覆盖率42.9%做出了30.47%的贡献[1]。

同时，南北山森林蓄积量由1989年的1.8万m^3提高到2019年的15.5万m^3，提高了7.8倍。市区常住人口人均可分享的南北两山森林面积由最初不足8m^2提高到112m^2，增加了104m^2，提高了13.3倍。

南北山人工林生态系统初步构建，形成了以乡土针叶树为主，乔灌结合、针阔混交的森林生态体系，昔日荒凉的裸露山体呈现出绿色生机，构成了大规模的绿色屏障，助力城市绿色景观实现了质的飞跃，也为西宁城市生态安全提供了保障。

其次，从生态系统服务价值（GEP）的视角来看，南北山生态修复工作也显著提升了西宁市中心城区生态系统服务功能。自1989年至2019年，南北山涵养水源量由114万m^3/年增加到1011万m^3/年，年固碳量由787t/年增加到14463t/年。根据西宁市气象观测资料，全市年均降雨量由20世纪90年代的370mm增加到410mm以上，最高年份达到450mm，区域小气候得到明显改善。经第三方评估，大南山生态绿色屏障工程新增森林资产价值51.7亿元，每年提供的森林生态系统服务总价值达2.07亿元，预计20年以后，森

---

1 数据来源：西宁市林业和草原局、西宁市林业站

表5-5 西宁市南北两山绿化工程区主要森林资源数据对比表

	1989年	2019年	差额	变化率（倍）
山体面积（万亩）	27.94	27.94	0	
林业用地面积（万亩）	15.57	20.93	5.36	0.34
有林地面积（万亩）	1.08	10.23	9.15	8.5
灌木和疏林地面积（万亩）	0.37	10.70	10.33	27.9
人均占有森林面积（m²）	7.8	111.7	103.9	13.3
宜林地面积	14.14	0	−14.14	
森林覆盖率（%）	7.2	75.0	67.8	9.4
有林地蓄积（万m³）	1.76	15.48	13.72	7.8
有林地单位公顷蓄积（m³）	24.4	22.7	−1.7	−0.07

林资产价值将达124亿元，每年提供森林生态系统服务总价值将增加到4.86亿元[1]。

图5-2 西宁市高原明珠塔鸟瞰南山植物园（西宁林草局 提供）

1 数据来源：西宁市林草局、西宁市南山绿化办公室

2015年，西宁市被全国绿化委员会、国家林业局授予"国家森林城市"称号，因其开创了青藏高原森林城市的先河，南北山生态修复工作带来的持续性绿化改善功不可没。

最后，南北山持续性的生态修复工作极大地遏制了生态灾害频发态势，提升了西宁市韧性安全水平。20世纪90年代，由于山体无植被覆盖，南北山在降雨后容易引发洪涝灾害，小雨小灾，大雨大灾。自南北两山绿化工程启动以来，累计绿化治理沟道36条，减少水土流失量达到14.8万t/年。以往12小时降雨量达到15毫米就会形成山洪，现如今12小时降雨量在30毫米时仍能保证水不下山、泥不出沟。在南北山生态修复治理初期，西宁市平均17天扬尘，2次沙尘暴，在2016年实施"西宁蓝"行动后，通过建立网格化大气环境监管体系，空气优良率在2019年达到86%，西宁市连续五年在西北省会城市中排名第一，"沙尘满天飞"的场景早已成为历史记忆，昔日的"高原夏都"在新时代重新焕发出生机。

当下，通过生态修复治理，南北山已经成为西宁市的"蓄洪池"和"滞尘器"，全面增强了西宁市抵御自然灾害的能力，是青海省东部生态安全屏障的重要组成部分，也是西宁对外展示高原生态文明建设成效的重要"城市名片"。

图5-3　一辆高铁从北山脚下生态林地中穿过（西宁林草局 提供）

二、经济效益

通过山体生态修复工作的开展，以及西宁野生动物园、植物园、北山美丽园、西堡森林生态公园等大型景观工程建设和生态环境的改善，这里每年都吸引着众多市内外游客走访南北山，深度参与生态和森林旅游。

根据西宁市人民政府官网数据统计，西宁2019年常住人口为238.71万人，2019年游客在西宁人均消费为1173.7元/（人×年）[1]，根据南北山地区年均承接全市60%人口的旅游规模，预计到2025年，其游憩教育功能的经济价值约30亿元/年。

同时，南北山绿化工程也带动了周边百姓的增收。自南北山一期、二期、三期工程启动以来，累计带动周边群众增加劳务收入8亿元，绿化区长期聘用进城务工人员600人，每年3月至11月季节性聘用山体绿化人员4900人，让其从事树木浇水、修枝、施肥、林地修整、补植、护林防火等工作，人均月工资为2000元。良好的生态环境也带动了周边农民发展农家乐、养殖业、绿色苗木、林果等产业，2019年年均接待游客256万人次[2]，为助推脱贫攻坚和绿色发展发挥了重要作用。

三、社会效益

南北山生态修复工作探索了一套全民共享参与的地方生态修复模式。南北山绿化30多年来，累计有168个青海省和西宁市的党政机关、中央驻青单位、团体、企事业单位、驻军、武警部队和大户参与分片承包，建立了117个在职干部负责造林、管护，保留绿化承包责任区，真正做到了"种下一棵树、留下一帮人，管好一片林"。

通过废旧矿山生态修复和再利用、裸露山体生态修复、水土流失治理等工程，逐步恢复南北山及周边山体生态环境，将其规划为科普文化设施、游憩服务设施、市政基础设施，既避免了生态恶化而带来的问题，也为市民提供了很好的游赏、学习场所，同时可强化全民生态环境保护的意识，将受损山体变为兼具文化内涵与景观价值的生态空间。

此外，南北山生态修复工程也助力了西宁市生态和绿色领域法律法规的

---

1 数据来源：《西宁市2019年国民经济和社会发展统计公报》
2 数据来源：西宁市林业和草原局

健全完善。从青海省人大1990年颁布实施《西宁市南北两山绿化条例》，到西宁市人民政府1991年发布《西宁市南北两山绿化条例实施细则》，再到青海省人大2014年批准实施的《西宁南北山绿化管理条例》，南北山绿化工作相关的法律体系建设不断完善，促使南北两山绿化始终走在法制化轨道上。2002年，青海省政府出台《关于参与西宁南北山绿化的单位和个人享受有关优惠政策的通知》，承诺各项优惠政策长期不变，划片承包制度长期不变，工作机制长期不变，增强了社会参与南北两山造林绿化的积极性，保障了南北山绿化工作的稳定推进。

图5-4　周边农民闲时上山种树实景（西宁林草局提供）

图5-5　南山生态公益林绿化人员工作实景（西宁林草局提供）

表5-6   西宁市绿色发展样板城市指标体系

序号	指标类型	具体指标	指标数量（个）
1	资源利用	能源消费总量、单位GDP能源消耗降低率、单位GDP二氧化碳排放降低、非化石能源占一次能源消费比重、用水总量、万元GDP用水量下降、单位工业增加值用水量降低率、农田灌溉水有效利用系数、耕地保有量、新增建设规模、单位GDP建设用地面积降低率、资源产出率、一般工业固体废弃物综合利用率、农作物秸秆综合利用率、农用地膜回收率	15
2	环境治理	化学需氧量排放总量减少、氨氮排放总量减少、危险废物处置利用率、生活垃圾无害化处理率、污水集中处理率、环境污染治理投资占GDP比重	8
3	环境质量	城市空气质量优良天数比率、PM2.5浓度下降、地表水达到或好于Ⅲ类水体比率、地表水Ⅴ类水体比例、重要江河湖泊水功能区水质达标率、城市集中式饮用水源水质达到或优于Ⅲ类比例、单位耕地面积化肥使用量、单位耕地面积农药使用量	8
4	生态保护	森林覆盖率、森林蓄积量、草原综合植被覆盖度、湿地保护率、陆地自然保护区面积、新增水土流失治理面积、可治理沙化土地治理率、新增矿山恢复治理面积	8
5	增长质量	人均GDP增长率、居民人均可支配收入、第三产业增加值占比、战略性新兴产业增加值占比、研究与试验发展经费支出占比	5
6	绿色生活	公共机构人均能耗降低率、绿色产品市场占有率、新能源公交车保有量增长率、绿色出行比例、城镇绿色建筑占新建建筑比重、城市建成区绿地率、农村自来水普及率、农村卫生厕所普及率	8
7	公众满意程度	公众对生态环境质量满意程度	1

2016年，西宁市在进一步总结既往城市生态建设经验和教训的基础上，提出了打造"绿色发展样板城市"的目标，围绕城市生态建设和绿色化工作的法律法规体系进程进一步加快。同年9月，西宁市发布了《西宁市绿色发展指标体系》内容（表5-6），随后陆续出台了《关于建设绿色发展样板城市的实施意见》《西宁市建设绿色发展样板城市促进条例》等规范性文件。通过不断完善地制度机制建设，形成了以《西宁市建设绿色发展样板城市促进条例》为核心的"1+N"法律条例体系，并陆续开展了"高原绿""西宁蓝""河湖清"等城市绿色建设行动，绿色发展实践成效显著（详见第一章）。

第四节　山体生态修复保障机制

　　城市的建设和治理具有复杂性和系统性，任何一个城市问题都不是孤立存在的，任何一个问题处理不好都有可能引起负面的连锁反应。城市山体生态修复作为一项系统工程，涉及水土流失生态修复治理、裸露山体生态修复治理、废旧矿山修复、森林防火修复等多个方面，关乎多个城市山体生态治理中的痛点和难点，因此，统筹与协调好城市山体生态修复工作的显得尤为重要。

　　2020年5月，国家发改委和自然资源部联合印发了《全国重要生态系统保护和修复重大工程总体规划（2021-2035年）》，在全国范围内划定了青藏高原生态屏障区、黄河重点生态区（含黄土高原生态屏障区）、长江重点生态区（含川滇生态屏障）、东北森林带、北方防沙带、南方丘陵山地带、海岸带等七大重点生态修复区域，并明确了重大生态修复工程落实的保障措施包括加强党的领导、加快法律法规制度建设、加大政策支持力度和营造良好社会氛围等四大方面。

一、加强组织保障

　　为了更好地保障城市山体生态修复工作，要在城市国土空间总体规划工作体系下，成立生态修复工作领导小组，形成政府主导、部门协同、上下联动的协调推进机制，精心组织项目的实施，确立领导决策主体，使西宁山体生态修复工程发挥长期效益。

1. 突出城市主管领导小组的组织统筹作用

　　本书所探讨的西宁山体生态修复作为西宁国土空间规划、西宁市生态修复专项规划的重要支撑内容之一，严格落实中央新发展理念、省委"五四战略"的指导思想，以西宁市委"打造绿色发展样板城市，建设幸福西宁""建设生态文明城市典范"等发展战略为导向，基于西宁高原山地城市特色明确山体生态存在的问题，探讨相对应的解决策略以及支撑系统和项目库建设的方法。

　　然而，城市山体生态修复不仅是明确哪些项目需要建设，还要明确项目建设的总体目标，在具体项目建设的任务分配、进度把控以及监督考核等方面的工作也需要城市生态修复工作领导小组进行落实。

因此，在西宁山体生态修复的具体落实过程中，需要进一步加强领导小组的组织统筹作用，立足于西宁城市发展的实际，结合西宁市委市政府的各项工作要求，合理谋划西宁生态修复工作的各项建设事宜，尤其是针对近期需要落实的重大山体生态修复工程（如南北山绿化四期、环城绿化公园等），领导小组应结合项目的实际情况，将项目任务及时下发至对应的部门机构，明确任务图和时间表，督促修复工程尽快落实。

2. 突出国土空间规划工作领导小组的部门协调作用

在西宁山体生态修复规划明确的项目库中，部分项目空间相对独立，主要由单一部门进行落实，但是依然有较大一部分项目集中在同一空间（例如：废旧矿山修复、水土流失修复），或需要多部门同步协同完成。由于部门间相互平行独立，而且难以建立专门的沟通渠道，在面临综合型项目或者同一空间内的项目时，难以有效处理好时空上的协调。

因此，可充分借助国土空间规划工作编制契机，发挥国土空间规划工作领导小组的统筹衔接作用，在生态修复建设项目中积极发挥部门协调的作用，尤其是要强化综合类项目或者重点区域内不同项目的时空协调，转变单向度的工作方式，倡导一体化作业，从而更高效率、更低成本地推动城市生态修复相关建设项目的顺利实施。

基于上述原因，建议由领导小组组长定期召开市级生态修复工作协调会议，一方面能够及时检视与掌握西宁市山体生态修复项目的进展情况，同时及时了解和协调工作推进过程中出现的矛盾与问题，避免出现因细节问题反映不及时而导致整体工作效率下降的矛盾。另一方面，西宁市辖各区以及生态修复工作所涉及的市直部门应积极响应上级号召，加强对山体生态修复工作的支持力度。

首先，应在本部门内及时成立专门的城市生态修复工作推进工作组，以牵头本部门的生态修复建设工作，同时对接落实生态修复工作领导小组的工作安排，并与其他部门进行工作协调互动。

其次，各部门应及时对接西宁市国土空间总体规划及相关专项规划成果，及时对本部门生态修复专项工作进行沟通和调整，以达到精确指导生态修复项目建设的目标。

最后，应及时接入国土空间总体规划工作信息平台，及时上报部门的生态修复建设计划以及获取生态修复工作领导小组下发的生态修复项目建设的相关信息。

二、搭建平台，建立平台保障机制

为了更高效地组织开展西宁山体生态修复工作，可借助于西宁市国土空间总体规划工作信息系统建立的契机，预留好山体生态修复项目的平台接口，将已完成和计划推进的重大项目信息准确录入，建立西宁山体生态修复工作信息化管理账户。

1. 项目立项平台

立项平台是以国土空间总体规划为依据，以生态修复专项规划为指导，生态修复工作领导小组协同政府各部门制定综合性的生态修复项目计划、资金调拨，明确建设目标和管理要求，统筹生态修复项目分工至相应的牵头部门与配合部门。

2. 项目建设协调平台

协调平台的作用在于汇总和处理山体生态修复推进过程中所面临的项目建设问题，通过整合多领域、多部门的专业力量，针对重点生态修复项目制订综合实施方案，统筹协调多部门以保证生态修复项目建设的实施。

3. 项目建设技术支撑平台

技术支撑平台的作用在于改变过去粗放式、非生态的建设方式，及时协调规划、建设各专业的技术人员同步联同业主和施工企业做充分的沟通和协调，从而建立高效协调机制与构建现场服务平台。本书对山体生态修复项目的实施效果进行动态监测评价，及时更新动态，经评估验收合格后的项目需结合国土空间规划做新的用途转换或更新。

4. 项目建设管理与宣传平台

管理和宣传平台的作用在于针对生态修复项目建设全过程进行信息汇总，及时发现问题和总结经验，验收归档；并向全社会发布建设成果，获取政府、部门和市民的理解与支持。

三、增强生态修复项目的资金保障

1. 加大地方财政支撑

地方政府对城市生态修复工作应加大资金支持力度，建议由地方政府国土空间总体规划工作领导小组协调地方发改、财政等相关部门，在年度项目立项、预算计划、拨款进度等具体环节对城市生态修复项目予以一定倾斜。在年度预算和建设计划中合理安排城市生态修复建设项目，通过投资补助、基金注资、担保补贴、贷款贴息等方式，推进城市生态修复项目的建设，并通过财政及审计部门负责资金的拨付及使用情况进行监督，保障资金高效落实与有效监管。

2. 积极鼓励和引导社会资本参与

生态修复保护工作需要长期和稳定的财政资金支持，国家和地方政府鼓励和引导社会资本力量参与其中，可以有效缓解政府财政投入的压力，并提升生态修复的经济和社会效益。

2018年9月，财政部就印发了《关于规范推进政府与社会资本合作（PPP）工作的实施意见》，明确将推动PPP行业发展的方向，优先支持污染防治、精准扶贫、乡村振兴、基础设施补短板等基本公共服务均等化领域的项目。2021年10月，国务院办公厅发布《关于鼓励和支持社会资本参与生态保护修复的意见》，从规划管控、产权激励、资源利用、财税支持、金融扶持等方面，向社会资本参与生态保护修复释放出政策红利，提出鼓励和支持社会资本参与生态保护修复项目投资、设计、修复、管护等全过程，围绕生态保护修复开展生态产品开发、产业发展、科技创新和技术服务等工作展开。

因此，在西宁山体生态修复项目建设过程中，要灵活利用政策优势，积极鼓励和引导社会资本参与山体生态修复工作。

社会资本的具体参与形式上，需优先建立社会资本参与山体生态修复项目的协议机制。通过完善公共项目社会资本投融资机制，丰富西宁市山体生态修复项目投融资运作模式，探索经营类项目、准经营类项目和非经营类项目的投资运营模式，鼓励社会资本通过与政府合作的方式，参与山体生态修复配套的基础设施等投资和运营。政府支付费用应以社会资本建设运行后的效果作为付费依据，通过政策支持鼓励政府与社会资本进行合作，吸引本地区及国内资本投入，最大限度地发挥各方优势，充分发挥社会资本在资源整合与经营上的灵活性，为西宁山体生态修复项目提供充足的资金保障。

在社会资本的参与模式上，可根据山体生态修复项目的规模和性质进行"多元"搭配，社会资本参与的模式包括但不限于自主投资模式、与政府合作模式（PPP模式）、公益参与模式等多种类型，鼓励采取"生态保护修复+产业导入"方式，探索以有偿方式获得自然资源资产使用权或特许经营权发展森林经营相关产业。

在社会资本参与项目类型的选择上，应结合山体生态修复项目的规模和区位，优先选择便于整合设计、规划、建设及运营环节的项目类型，充分发挥项目整体的规模经济性及项目间协同效应，以最大化地降低项目投资成本。确定项目边界条件，明确责任机制，降低项目风险，并科学制定考核标准，形成系统性、合理性的社会资本参与项目实施方案。在社会资本参与项目的甄选时，应将经营性项目和非经营性项目结合起来，在吸引社会资本的同时也减轻政府运营补贴压力。

此外，应加强对社会资本参与山体生态修复项目的监督管理，综合运用行政、法律、经济等手段进行约束，发挥政府和公众等利益相关者的监管职责，对社会资本参与的山体生态修复项目建设和运营过程进行全流程监管，以保证西宁山体生态修复项目的顺利实施，为广大市民和游客提供更为丰富的生态公共产品，真正实现"绿水青山转向金山银山"。

结语 ——

国土空间生态修复的核心就是在人工干预下，通过科学的规划，选择物理的、生物的、化学的技术手段加快生态演替的进程，使生态环境在预期时间内恢复到人类所期望的水平。

本书在自然资源部成立、统筹山水林田湖草系统治理的背景下，通过对国内外生态修复实践和问题的梳理，基于西宁市山体生态修复的实践与成效，探索出一套基于"问题导向+目标导向"双机制的山体生态修复路径。其中，问题导向以"数据采集-过程模拟-问题识别"为基础，分析西宁市城市发展过程中山体面临的各类生态问题，识别生态敏感区域，为生态修复工作开展提供科学参考。目标导向以"目标指标-策略方法-效益保障"为基础，立足于"绿水青山就是金山银山"，探索适合于西宁市域山体的生态修复策略方法，并从生态、社会、经济三个角度对生态修复成效进行评估，最终形成一个从数据采集到效益分析的生态修复闭环实践探索。

目前，我国正处于快速城市化时期，在未来很长一段时期内，生态修复将成为城市发展必须面对的课题。自然资源部的成立，尤其是国土生态修复司的成立，承担着国土空间综合整治、土地整理复垦、矿山地质环境恢复治理等职责，为开展国土空间生态修复工作提供了新的契机。

本书的探索尝试是国土空间生态修复工作的一个缩影，囿于数据基础和工作时间的限制，还有诸多不足和待完善之处，如能对相关从业者提供些许参考和帮助，将是对我们工作的最大肯定。在我国生态文明建设日益发展的今天，相信更多优秀的实践探索和创新方法会不断呈现，最终实现青山、碧水、蓝天、绿林、气清的美丽国土空间。

参考文献

[1] Jordan W R, et al. Restoration eco logy: A synthetic app roach to eco logical research [C]. Cambridge: Cambridge Press, 1987.

[2] Cairns J J r. The recovery process in damaged eco system [M]. Michigan: Science Publishers, Ann Arbor, 1980. 1–160.

[3] 王堃. 草地植被恢复与重建 [M]. 北京: 化学工业出版社, 2004.

[4] 赵晓英, 孙成权. 恢复生态学及其发展 [J]. 地球科学进展, 1998, 10 (15): 474–479.

[5] 章家恩, 徐琪. 生态退化研究的基本内容与框架 [J]. 水土保持通报, 1997, 6: 46–53.

[6] 章家恩, 徐琪. 现代生态学研究的几大热点问题透视 [J]. 地理科学进展, 1997, 16 (3): 29–36.

[7] 李永庚, 蒋高明. 矿山废弃地生态重建研究进展 [J]. 生态学报, 2004, 24 (1): 95–100.

[8] 彭少麟, 陆宏芳. 恢复生态学焦点问题 [J]. 生态学报, 2003, 23 (7): 1251.

[9] 饶戎. 城市采石山体破损的生态景观建筑修复研究 [J]. 建设科技, 2008, 12: 44–48.

[10] 张茹, 黄赳, 董霁红. 全球主要矿业国家矿山生态法律比较研究 [J]. 中国煤炭, 2017, 43 (6): 139–146.

[11] 赵仕玲. 国外矿山环境保护制度及对中国的借鉴 [J]. 中国矿业, 2007, 16 (10): 35–38.

[12] 梁留科, 常江, 吴次芳. 德国煤矿区景观生态重建/土地复垦及对中国的启示 [J]. 经济地理, 2002, 22 (6): 711–715.

[13] 陈波, 包志毅. 国外采石场的生态和景观恢复 [J]. 水土保持学报, 2003, 17 (5): 71–73.

[14] 张绍良, 米家鑫, 侯湖平, 杨永均. 矿山生态恢复研究进展——基于连续三届的世界生态恢复大会报告 [J]. 生态学报, 2018, 38 (15).

[15] Zhang Jun, Zhou De, Li Shao. Test on Slope Eco engineering by Spraying a Thick Layer Material [J]. Bulletin of Soil and Water Conservation. 2001–04.

[16] 丰赡, 许文年等. 基于恢复生态学理论的裸露山体生态修复模式研究 [J]. 中国水土保持, 2008 (4): 23–26.

[17] 杨剑, 彭勃, 赵敏等. 汶川地震灾区生态修复技术研究——唐家山堰塞湖片区为例 [J]. 四川建筑科学研究, 2014, 40 (2): 164–167.

[18] 魏彤云, 聂俊, 易学峰. 武汉凤凰山破损山体生态修复 [J]. 湖北林业科技, 2014, 43 (4): 80–83.

[19] 李晟晖. 矿业城市产业转型研究——以德国鲁尔区为例 [J]. 中国人口资源与环境, 2003, 13 (4): 94–97.

[20] 王志芳, 许云飞, 蔡扬等, 德国景观规划对中国"多规合一"的启示 [J]. 现代城市研究, 2017.08: 64–69.

[21] 谢敏, 张丽君. 德国空间规划理念解析 [J]. 国土资源情报, 2011 (7): 9–12.

[22] Olschowy G. The development of landscape planning in Germany [J]. Landscape Planning, 1976: 391–411.

[23] Catalina Vieira Mejia, Liubov Shirotova, Almeida IFMD. Green Infrastructure and German Landscape Planning: A Comparison of Approaches [J/OL]. 2015. https://www.researchgate.net/publication/306309616_Green_Infrastructure_and_German_Landscape_Planning_A_Comparison_of Approaches

[24] 周颖，濮励杰，张芳怡. 德国空间规划研究及其对我国的启示 [J]. 长江流域资源与环境，2006，15（4）：409-414.

[25] 汉斯-约阿希姆·马德尔，孔洞一，崔庆伟. 修复地球表面肌肤——德国矿区生态修复再利用理论与实践 [J]. 风景园林，2017（8）：30-40.

[26] Butzin B，Franz M，Noll H P. Strukturwandel im Ruhrgebiet unter Schrumpfung sbedingungen [J]. Zeitschrift fur Wirtschaftsgeographie，2006，50：258-276.

[27] 金云峰，方凌波，沈洁. 工业森林视角下棕地景观再生的场所营建策略研究——以德国鲁尔为例 [J]. 风景园林，2017，34（6）：70-74.

[28] Kirsten Jane Robinson，Wang Honghui. Exploring Urban Ecosystems in the Ruhr Region of Germany：Implementation Strategies [J]. Urban Planning Overseas，2003，18（6）：3-25.

[29] 秦天宝. 德国土壤污染防治的法律与实践 [J]. 环境保护，2007，10：68-71.

[30] 周昱，刘美云，徐晓晶，等. 德国污染土壤治理情况和相关政策法规 [J]. 环境与发展，2014，5：32-36.

[31] 顾晨杰. 城市生态修复进展 [J]. 城市双修，2017（3）：46-52.

[32] 赵景逵，朱荫湄. 美国露天矿区的土地管理及复垦 [J]. 中国土地科学，1991，01：31-33.

[33] 张成梁等. 美国煤矿废弃地的生态修复 [J]. 生态学报，2011，31（1）：0276-0285.

[34] 沈绿野，赵春喜. 我国环境修复基金来源途径刍议——以美国超级基金制度为视角 [J]. 西南政法大学学报，2015，3：69.

[35] 程玉，马越. 美国超级基金法的产生与发展及借鉴意义 [J]. 环境与可持续发展，2015.6：179-183.

[36] 王美仙，贺然，董丽，等. 美国矿山废弃地生态修复案例研究 [J]. 建筑与文化，2015，12：99-101.

[37] 李金海. 生态修复理论与实践 [M]. 北京：中国林业出版社，2008.

[38] Los Angeles County Department of Public Works，Los Angeles River Master Plan [EB/OL]. （1996-06）[2020-04-29]. https://ladpw.org/wmd/watershed/LA/LARMP/.

[39] City of Los Angeles Department of Public Works，Los Angeles River Revitalization Master Plan [EB/OL]. （2007-05-03）[2020-04-29]. https://boe.lacity.org/lariverrmp/CommunityOutreach/masterplan_download.htm.

[40] U.S. Army Corps of Engineers，Los Angeles River Ecosystem Restoration Integrated Feasibility Report [EB/OL]. （2015-09）[2020-04-29]. https://www.spl.usace.army.mil/Missions/Civil-Works/Projects-Studies/Los-AngelesRiver-Ecosystem-Restoration/.

[41] 习近平在深入推动长江经济带发展座谈会上的讲话 [N]. 人民日报，2018，06，14（2）.

[42] 王志芳，高世昌，苗利梅，等. 国土空间生态保护修复范式研究 [J]. 中国土地科学，2021，（2020-3）：1-8.

[43] 管弦. 矿山公园规划设计方法探究——以宝山国家矿山公园为例 [D]. 中南大学，2013.

[44] 孟凡玉，朱育帆. "废地"、设计、技术的共语——论上海辰山植物园矿坑花园的设计与营建 [J]. 中国园林，2017，33（6）：39-47.

[45] 李军，李海凤. 基于生态恢复理念的矿山公园景观设计——以黄石国家矿山公园为例 [J]. 华中建筑，2008，7：136-139.

[46]　黄俊，郭冬梅．生态修复法律制度探析［J］．江西理工大学学报，2016，37（6）：23-27．

[47]　吕忠梅．水污染的流域控制立法研究［J］．法商研究，2005，5：95-103．

[48]　殷鑫．生态正义视野下的生态损害赔偿法律制度研究［D］．华中师范大学，2013．

[49]　王明业，朱国金，贺振东，等．中国的山地［M］．成都：四川科学技术出版社，1988．

[50]　方精云，沈泽昊，崔海亭．试论山地的生态特征及山地生态学的研究内容［J］．生物多样性，2004，12（1）：10-19．

[51]　中国科学院成都山地灾害与环境研究所．山地学概论与中国山地研究［M］．成都：四川科技出版社，2000．

[52]　吴勇．山地城镇空间结构演变研究——以西南地区山地城镇为主［D］．重庆大学，2012．

[53]　肖笃宁等．景观生态学［M］．北京：科学出版社，2003．

[54]　邬建国．景观生态学——概念与理论［J］．生态学杂志，2000（1）：42-52．

[55]　邱扬，傅伯杰．土地持续利用评价的景观生态学基础［J］．资源科学，2000，6．

[56]　彭少麟．恢复生态学［M］．北京：气象出版社，2007．

[57]　彭少麟．恢复生态学与退化生态系统的恢复［J］．中国科学院院刊，2000（3）：188-192．

[58]　丰瞻，许文年，李少丽，等．基于恢复生态学理论的裸露山体生态修复模式研究［J］．中国水土保持，2008，4：23-26．

[59]　VAN ANDEL J，ARONSON J．Restoration Ecology：The New Frontier［M］．Oxford：Wiley-Blackwell，2012．

[60]　CABIN R J，CLEWELL A，INGRAM M．Bridging Restoration Science and Practice：Results and Analysis of a Survey from he 2009 Society for Ecological Restoration International Meeting［J］．Restoration Ecology，2010，18（6）：783-788．

[61]　陈利顶，傅伯杰，赵文武．"源""汇"景观理论及其生态学意义［J］．生态学报，2006，26（5）：1089-1095．

[62]　陈利顶，傅伯杰，徐建英，等．基于"源-汇"生态过程的景观格局识别方法——景观空间负荷对比指数［J］．生态学报，2003，11.23：2406-2411．

[63]　François Molle．River-Basin Planning and Management：The Social Life of a Concept［J］．Geoforum，2009，40（3）：345-354．

[64]　张万益．美国密西西比河流域治理的若干启示［J］．中国矿业报，2018．

[65]　黄清明．流域规划的体系构建与规划思维方法初探［A］．中国城市规划学会，重庆市人民政府．活力城乡 美好人居——2019中国城市规划年会论文集（12城乡治理与政策研究）［C］．北京：中国建筑工业出版社，2019．

[66]　Barrow，Christopher J．River Basin Development Planning and Management：A Critical Review［J］．World Development，1998，2：171-186．

[67]　熊永兰，张志强，尉永平．国际典型流域管理规划的新特点及其启示［J］．生态经济，2014，30（2）：45-48．

[68]　EU（European Union）（2000）．Directive 2000/60/ec of the European Parliament and of the Council of 23 October 2000 Establishing a Framework for Community Action in the Field of Water Policy．Official Journal of the European Communities，43（L327），1－72europa.eu.int /eur-lex/pri/en/oj/dat/2000/l_327/l_32720001222cn00010072.pdf

[69] Warner, Jeroen, Philippus Wester, and Alex Bolding. Going with the Flow: River Basins as the Natural Units for Water Management? [J]. Water Policy, 2008, 2: 121-138.

[70] 谈国良, 万军. 美国田纳西河的流域管理 [J]. 中国水利, 2002 (10): 157-159.

[71] Campbell, Ian C. "Integrated Management of Large Rivers and their Basins." Ecohydrology & Hydrobiology, vol. 16, no. 4, 2016, pp. 203-214.

[72] Alistair W, Elaine B, Ian R. The Economic and Social Impacts of Water Trading: Case studies in the Victorian Murray Valley [R]. Rural Industries Research and Development Corporation, National Water Commission, Murray-Darling Basin Commission, 2007.

[73] 应力文, 刘燕, 戴星翼, 等. 国内外流域管理体制综述 [J]. 中国人口·资源与环境, 2014, 24 (S1): 175-179.

[74] 刘红星, 孙广仁. 西宁地区地质灾害与地质环境 [J]. 青海环境, 1994, 1: 18-22.

[75] 向喜琼, 黄润秋. 地质灾害风险评价与风险管理 [J]. 地质灾害与环境保护, 2000, 1: 38-41.

[76] 自然资源部, 《矿山地质环境保护规定》第三次修正, 2019.

[77] 刘海龙. 采矿废弃地的生态恢复与可持续景观设计 [J]. 生态学报, 2004, 2: 323-329.

[78] 邱波. 矿山废弃地生态恢复综述 [A]. 湖南省园艺学会. 园艺学文集5 [C]. 长沙: 湖南科学技术出版社, 2010.

[79] 吴和政, 郑薇. 我国矿山生态环境及生态恢复技术的现状 [J]. 探矿工程, 2008, 46-47.

[80] 丰瞻, 许文年, 李少丽, 等. 基于恢复生态学理论的裸露山体生态修复模式研究 [J]. 中国水土保持, 2008, 4: 23-26+60.

[81] 肖华斌, 安淇, 盛硕, 等. 基于生态风险空间识别的城市山体生态修复与分类保护策略研究——以济南市西部新城为例 [J]. 中国园林, 2020, 36 (7): 43-47.

[82] 王利民, 翁伯琦等. 山地水土流失的影响因素及其若干机理 [J]. 安徽农业科学, 2016, 44 (19): 70-75.

[83] 李先琨, 吕仕洪, 蒋忠诚. 喀斯特峰丛区复合农林系统优化与植被恢复试验 [J]. 自然资源学报, 2005, 20 (1): 92-98.

[84] 胡振琪. 采煤塌陷地的土地资源管理与复垦 [J]. 中国土地科学, 2004, 18 (3): 1-8.

[85] 丰瞻, 许文年, 等. 基于恢复生态学理论的裸露山体生态修复模式研究 [J]. 中国水土保持, 2008, 4, 23-24.

[86] 伍业纲, 李哈滨. 景观生态学的理论与应用 [M]. 北京: 中国环境科学出版社, 1993.

[87] 王璐. 基于恢复生态学的城市采石废弃地景观设计研究——以山东省日照市岚山区罗山矿山公园为例 [D]. 北京林业大学, 2019.

[88] 紫檀, 潘志华. 内蒙古武川县生态足迹分析 [J]. 中国农业大学学报, 2005, 10 (1): 64-68.

[89] HUANG Lin nan, ZHANG Wei xin, JIANG Cui ling. Ecological Footprint Method in Water Resources Assessment [J]. Acta Ecologica Siniea, 2008, 28 (3): 1279-1286.

[90] HUANG Hai, LIU Chang cheng, CHEN Chun. Appraisal of Land Ecological Security Based on Ecological Footprint [J]. Research of Soil and Water Conservation, 2013, 20 (1): 193-196, 201.

[91] 石雅茹. 枯竭之后的重生——青海省西宁市大通煤矿地质环境治理示范工程纪略 [J]. 青海国土经略, 2012, 2: 21-25.